# 特長と使い方

## ～本書を活用した大学入試対策～

☐ **志望校を決める（調べる・考える）**

入試日程，受験科目，出題範囲，レベルなどが決まるので，やるべきことが見えやすくなります。

☐ **「合格」までのスケジュールを決める**

**基礎固め・苦手克服期**…受験勉強スタート～入試の 6 か月前頃

・教科書レベルの問題を解けるようにします。

・苦手分野をなくしましょう。

⇒教科書の内容がほぼ理解できている人は，
『大学入試 ステップアップ 数学Ⅰ【標準】』に取り組みましょう。

**応用力養成期**…入試の 6 か月前～ 3 か月前頃

・身につけた基礎を土台にして，入試レベルの問題に対応できる応用力を養成します。

・志望校の過去問を確認して，出題傾向，解答の形式などを把握しておきましょう。

・模試を積極的に活用しましょう。模試で課題などが見つかったら，『大学入試 ステップアップ 数学Ⅰ【標準】』で復習して，確実に解けるようにしておきましょう。

**実戦力養成期**…入試の 3 か月前頃～入試直前

・時間配分や解答の形式を踏まえ，できるだけ本番に近い状態で過去問に取り組みましょう。

☐ **志望校合格！！**

---

## 数学の学習法

◎**同じ問題を何度も繰り返し解く**

多くの教材に取り組むよりも，1 つの教材を何度も繰り返し解く方が力がつきます。

⇒『大学入試 ステップアップ 数学Ⅰ【標準】』の活用例を，次のページで紹介しています。

◎**解けない問題こそ実力アップのチャンス**

間違えた問題の解説を読んでも理解できないときは，解説を 1 行ずつ丁寧に理解しながら読むまたは書き写して，自分のつまずき箇所を明確にしましょう。その上で教科書の公式や例題を確認しましょう。教科書レベルの内容がよく理解できないときは，さらに前に戻って復習することも大切です。

◎**基本問題は確実に解けるようにする**

応用問題も基本問題の組み合わせです。まずは基本問題が確実に解けるようにしましょう。解ける基本問題が増えていくことで，応用力も必ず身についてきます。

◎**ケアレスミス対策**

日頃から，暗算に頼らず途中式を丁寧に書く習慣を身につけ，答え合わせで計算も確認して，ミスの癖を知っておきましょう。

# ～本書のしくみ～

## 本冊

**☑ 基礎 Check**
基本事項の理解を確かめるための問題です。確実に解けるようにしましょう。

**☆ 重要な問題**
ぜひ取り組んでおきたい問題です。状況に応じて効率よく学習を進めるときの目安にもなります。

見開き 2 ページで 1 単元完結。
問題はほぼ「易→難」の順に並んでいます。

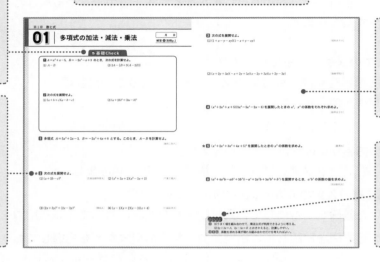

余白に書き込みながら取り組むこともできて、復習にも便利です。

**advice**
つまずきそうな問題には、着眼点や注意点を紹介しています。

## 解答・解説

図やグラフを豊富に使って解説しています。視覚的にイメージできるので、理解しやすいです。

**別解**
正解だった場合も確認しましょう。さらに実力がアップします。

大問ごとに、「解答→解説」の順に配列しているので、答え合わせがしやすいです。

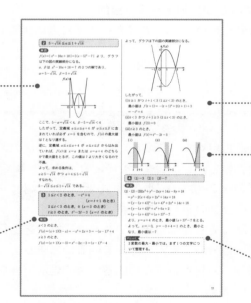

詳しい解説つきです。答え合わせのとき、答えの正誤確認だけでなく解き方も理解しましょう。記述力もアップします。

着目すべきポイントを色つきにしているので、理解しやすくなっています。

**Point**
注意事項や参考事項を紹介しています。

## 📖 本書の活用例

◎ 何度も繰り返し取り組むとき、1 巡目は全問→ 2 巡目は 1 巡目に間違った問題→ 3 巡目は 2 巡目に間違った問題 …のように進めて、全問解けるようになるまで繰り返します。

◎ ざっと全体を復習したいときは、各単元の見開き左側ページだけ取り組むと効率的です。

# 📖 目　次

💻 本書に関する最新情報は，小社ホームページにある**本書の「サポート情報」**をご覧ください。（開設していない場合もございます。）
なお，この本の内容についての責任は小社にあり，内容に関するご質問は直接小社におよせください。

#  01 | 多項式の加法・減法・乗法

## ☑ 基礎Check

**1** $A = x^2 + x - 5$, $B = -2x^2 - x + 3$ のとき，次の式を計算せよ。

(1) $A - B$

(2) $2A - \{B + 3(A - 2B)\}$

**2** 次の式を展開せよ。

(1) $(a + b + c)(a - b - c)$

(2) $(a + 2b)^3 + (2a - b)^3$

---

**1** 多項式 $A = 5x^2 + 2x - 3$, $B = -2x^2 + 4x + 8$ とする。このとき，$A - B$ を計算せよ。

[湘南工科大]

☆ **2** 次の式を展開せよ。

(1) $(a + 2b - c)^2$　　　　　[広島国際学院大]

(2) $(x^2 + 3x + 2)(x^2 - 3x + 2)$　　　　　[千葉工業大]

(3) $(2x + 3y)^3 + (2x - 3y)^3$　　　　　[獨協大]

(4) $(x - 1)(x + 2)(x - 3)(x + 4)$　　　　　[大阪経済大]

**3** 次の式を展開せよ。

(1) $(1+x-y-xy)(1-x+y-xy)$ [昭和女子大]

(2) $(x+2y+3z)(-x+2y+3z)(x-2y+3z)(x+2y-3z)$ [金城学院大]

**4** $(x^3+2x^2+x+5)(3x^3-5x^2-2x-8)$ を展開したときの $x^5$，$x^3$ の係数をそれぞれ求めよ。

[岐阜女子大]

☆ **5** $(x^4+2x^3+3x^2+4x+5)^2$ を展開したときの $x^5$ の係数を求めよ。 [麗澤大]

**6** $(a^3+4a^2b-ab^2+3b^3)(-a^4+2a^3b+3a^2b^2+b^4)$ を展開するとき，$a^4b^3$ の係数の値を求めよ。

[自治医科大]

---

**advice**

**3** (1)うまく項を組み合わせて，乗法公式が利用できるように考える。

(2) $2y+3z=A$，$2y-3z=B$ とおきかえると，計算しやすい。

**4 5 6** 係数を求める項が現れる組み合わせだけを考えればよい。

因数分解

## ☑ 基礎Check

**1** 次の式を因数分解せよ。

(1) $(x-y-1)(x-y+2)-4$

(2) $xy^2+y^2z-yz^2-xz^2$

**2** 次の式を因数分解せよ。

(1) $6x^2-x-15$

(2) $x^2+3xy+2y^2+2x+y-3$

☆ **1** 次の式を因数分解せよ。

(1) $x^2-2xy+y^2+3x-3y+2$　　　[神戸薬科大]

(2) $(ac+bd)^2-(ad+bc)^2$　　　[関西医科大]

(3) $x^2+4y^2-z^2-4xy$　　　[湘南工科大]

(4) $(x^2+4x)^2+8x^2+32x+15$　　　[北海学園大]

(5) $(x-1)(x-2)(x+4)(x+5)+5$　　　[北海学園大]

(6) $x^2+2xy-x+4y-6$　　　[千葉工業大]

**2** 次の式を因数分解せよ。

(1) $4x^2 + 21xy + 5y^2 - 7x + 22y - 15$ ［京都産業大］　(2) $6x^2 - 7xy + 2y^2 + 11x - 7y + 3$ ［浜松大］

☆ **3** $ab(a+b) - 2bc(b-c) + ca(2c-a) - 3abc$ を因数分解せよ。 ［愛知工業大］

**4** $x^2y + y^2z + z^2x + xy^2 + yz^2 + zx^2 + 3xyz$ を因数分解せよ。 ［神戸薬科大］

**5** 次の式を因数分解せよ。

(1) $4x^4 + 7x^2 + 16$ ［秋田大］　(2) $(x-y)^3 + (z-y)^3 - (x-2y+z)^3$ ［愛知大］

---

**advice**

**1** (5)展開するときに，かける組み合わせを工夫する。(6)次数の低い $y$ について整理する。

**2** $x$ についての2次式に整理して，たすき掛けを使う。

**4** $3xyz$ を3つの $xyz$ に分解して項を増やし，組み合わせを考える。

# 03 | 根号を含む式の計算 ①

## ☑ 基礎Check

**1** 次の式の分母を有理化せよ。

(1) $\dfrac{4}{\sqrt{5}+\sqrt{3}}$

(2) $\dfrac{1}{1+\sqrt{2}+\sqrt{3}}$

**2** 次の式を簡単にせよ。

(1) $\sqrt{7+2\sqrt{10}}$

(2) $\sqrt{5-\sqrt{21}}$

**1** 次の式の分母を有理化せよ。

[獨協大]

(1) $\dfrac{\sqrt{3}}{2-\sqrt{3}}$

(2) $\dfrac{5\sqrt{6}+\sqrt{2}}{\sqrt{6}+\sqrt{2}}$

☆ **2** 次の式を計算せよ。

(1) $\dfrac{1}{\sqrt{2}+1}+\dfrac{1}{\sqrt{3}+\sqrt{2}}+\dfrac{1}{\sqrt{4}+\sqrt{3}}$

[神奈川大]

(2) $\dfrac{1}{2}\left(\dfrac{2-\sqrt{3}}{2+\sqrt{3}}+\dfrac{2+\sqrt{3}}{2-\sqrt{3}}\right)$

[自治医科大]

**3** 次の問いに答えよ。

(1) $x = 3 + 2\sqrt{2}$，$y = 3 - 2\sqrt{2}$ のとき，$\dfrac{\sqrt{x} - \sqrt{y}}{\sqrt{x} + \sqrt{y}}$ の値を求めよ。　　　　　[北海学園大]

(2) $\dfrac{4\sqrt{3}}{\sqrt{2} + \sqrt{3} - \sqrt{5}} - 2\sqrt{4 + \sqrt{15}}$ を簡単にせよ。　　　　　[中部大]

★ **4** $(\sqrt{3} + \sqrt{5} + \sqrt{7})(\sqrt{3} + \sqrt{5} - \sqrt{7})(\sqrt{3} - \sqrt{5} + \sqrt{7})(-\sqrt{3} + \sqrt{5} + \sqrt{7})$ を展開せよ。

[慶應義塾大]

**5** $\dfrac{1}{1 + \sqrt{2} + \sqrt{3} + \sqrt{6}} + \dfrac{1}{1 - \sqrt{2} + \sqrt{3} - \sqrt{6}}$ を簡単にせよ。　　　　　[中部大]

**6** $\dfrac{1}{\sqrt{3 + \sqrt{13 + \sqrt{48}}}}$ を計算せよ。　　　　　[実践女子大]

---

**advice**

**1** (2)分母を有理化する前に，$\sqrt{2}$ で約分しておく。

**4** $\sqrt{3} + \sqrt{5} = a$，$\sqrt{3} - \sqrt{5} = b$ とおいて，式を簡単にしてから計算する。

**5** $1 + \sqrt{3} = a$ とおいて，式を簡単にしてから計算する。

9

# 04 根号を含む式の計算 ②

## ☑ 基礎Check

**1** $x = \dfrac{1+\sqrt{5}}{2}$, $y = \dfrac{1-\sqrt{5}}{2}$ のとき，次の式の値を求めよ。

(1) $x^2 + y^2$

(2) $x^3 + y^3$

**2** $-1 < a < 1$ のとき，$\sqrt{(a+1)^2} - \sqrt{(a-1)^2}$ を簡単にせよ。

**1** $p = (\sqrt{3} + \sqrt{5})^2$, $q = (\sqrt{3} - \sqrt{5})^2$ のとき，次の式の値を求めよ。　［金沢工業大］

(1) $p + q$

(2) $pq$

(3) $p^2 + q^2$

**2** $x = \dfrac{\sqrt{5}-1}{\sqrt{5}+1}$, $y = \dfrac{\sqrt{5}+1}{\sqrt{5}-1}$ のとき，$x^3 + y^3$ の値を求めよ。　［立教大］

☆ **3** $x = \dfrac{1-\sqrt{3}}{1+\sqrt{3}}$, $y = \dfrac{1+\sqrt{3}}{1-\sqrt{3}}$ のとき, 次の式の値を求めよ。 [広島国際学院大]

(1) $x^2y + xy^2$ 　　　　　　　　　　　(2) $\dfrac{y^2}{x} + \dfrac{x^2}{y}$

**4** $x = \dfrac{1}{\sqrt{3}-\sqrt{2}}$, $y = \dfrac{1}{\sqrt{3}+\sqrt{2}}$ のとき, $x^3 + x^2y + xy^2 + y^3$ の値を求めよ。 [甲南大]

☆ **5** $a$ が実数のとき, $\sqrt{(a-1)^2} + \sqrt{(a-3)^2}$ を簡単にせよ。 [産業能率大－改]

**6** $x = \dfrac{1+a^2}{2a}$ ($a \geqq 1$, $a$ は実数) のとき, $a\left(\dfrac{\sqrt{x+1}-\sqrt{x-1}}{\sqrt{x+1}+\sqrt{x-1}}\right)$ の値を求めよ。 [自治医科大]

---

**advice**

**2** $x^3 + y^3 = (x+y)^3 - 3xy(x+y)$ を利用する。

**5** $a-1$, $a-3$ の符号によって, 3 つの場合に分けて考える。

**6** $x+1 = \dfrac{(a+1)^2}{2a}$, $x-1 = \dfrac{(a-1)^2}{2a}$ となる。

# いろいろな式の計算

---

### ☑ 基礎Check

**1** $x=1+\sqrt{5}$ のとき，次の式の値を求めよ。

(1) $x^2-2x-5$

(2) $x^3-2x^2+x-1$

**2** $x+\dfrac{1}{x}=a$ とするとき，次の式の値を $a$ で表せ。

(1) $x^2+\dfrac{1}{x^2}$

(2) $\left(x-\dfrac{1}{x}\right)^2$

---

**1** $x=\sqrt{2}-1$ のとき，$x^4+2x^3-x^2+5x+5$ の値を求めよ。 ［摂南大］

☆ **2** $x=\dfrac{1+\sqrt{5}}{2}$ のとき，次の式の値を求めよ。 ［武庫川女子大］

(1) $x+\dfrac{1}{x}$

(2) $x^2+\dfrac{1}{x^2}$

(3) $x^4-2x^3-x^2+2x+1$

**3** $x = 2 - \sqrt{3}$ のとき, $x^2 + x + \dfrac{1}{x} + \dfrac{1}{x^2}$ の値を求めよ。 [京都産業大]

★**4** $\dfrac{7}{3 + \sqrt{2}}$ の小数部分を $a$ とするとき, $a^2 + \dfrac{1}{a^2}$ の値を求めよ。 [北里大]

**5** $\left( \dfrac{1 + \sqrt{5}}{2} \right)^3$ の整数部分を $a$, 小数部分を $b$ とする。次の問いに答えよ。 [昭和大]

(1) $a$ の値を求めよ。

(2) $b^4 + 3b^3 - 4b^2 + 6b + 1$ の値を求めよ。

---

**advice**

**1** $x^4 + 2x^3 - x^2 + 5x + 5 = x^2(x^2 + 2x) - x^2 + 5x + 5$

**2** (3) $x^2$ でくくり, (2)を利用する。

**5** (2) $b = \sqrt{5} - 2$ より, $b + 2 = \sqrt{5}$　$b^2 = -4b + 1$ となることを利用して次数の低い式になおす。

# 06 | 1次不等式

## ☑ 基礎Check

**❶** 次の不等式を解け。

(1) $5x - 9 > 3(x - 2)$

(2) $\dfrac{2}{3}x - 2(2x + 1) \leqq 1$

**❷** 次の連立不等式を解け。

(1) $7 < 10 - x < 2(1 + x)$

(2) $\begin{cases} x - 1 > 3x - 5 \\ 3x + 2 \geqq 4(x - 1) \end{cases}$

**❶** 不等式 $n - 1 < 0.9n + 10$ を満たす最大の自然数 $n$ を求めよ。

[湘南工科大]

**❷** ある大学の売店では年会費を 5000 円払えば会員となり，品物を 5 ％引きで買うことができる。1 個 380 円の品物を買うとき，何個以上買うと，会員になった方が会員にならないよりも合計金額が安くなるか答えよ。

[釧路公立大]

☆ **3** $x$ の不等式 $3+x<4x+1<a+6$ を満たす $x$ の範囲に入る整数が $3$ 個となるとき，定数 $a$ のとり得る値の範囲を求めよ。

[兵庫医療大]

☆ **4** $x=\sqrt{3}$ が不等式 $\dfrac{x-12}{3}>3x-2a$ を満たすような最小の整数 $a$ の値を求めよ。

[名古屋学芸大]

**5** 連立不等式，$x>3a+1$，$2x-1>6(x-2)$ について，次の条件を満たす定数 $a$ の値の範囲を求めよ。

[神戸学院大]

(1) この連立不等式の解が存在しない。

(2) この連立不等式の解に $2$ が入る。

(3) この連立不等式の解に入る整数が $3$ つだけとなる。

---

**advice**

**2** $x$ 個買ったとして不等式をつくる。

**3** 連立不等式の解を数直線上に表し，整数解が $3$ 個になるように $a$ の値の範囲を定める。

**5** (2) $x>3a+1$ に $x=2$ を代入した $a$ についての不等式が成り立てばよい。

# いろいろな方程式・不等式

## ☑ 基礎Check

**1** $x$ についての次の方程式や不等式を解け。

(1) $ax - a^2 = x - 1$

(2) $ax < x - 3$

**2** 次の方程式や不等式を解け。

(1) $|x+1| + |x-3| = 3x$

(2) $|3x-4| < 8$

**1** $a$ を正の定数とする。$x$ についての不等式 $|3x-2| \leqq a$ を解け。

[中央大]

**★ 2** 不等式 $ax+3 > 2x$ を解け。ただし，$a$ は定数とする。

[広島工業大]

**3** $2 \leqq x \leqq 3$，$3 \leqq y \leqq 4$ のとき，$1 + xy - x - y$ の最大値と最小値を求めよ。

[広島工業大]

☆ **4** $a$ は整数の定数とする。連立方程式 $\begin{cases} x-(a+6)y=1 \\ ax-8(a+1)y=-2 \end{cases}$ について，次の問いに答えよ。

[国士舘大－改]

(1) 解が存在しないような $a$ の値を求めよ。

(2) 解が無数に存在するような $a$ の値を求めよ。

(3) 解がただひとつ存在し，その解 $(x, y)$ がともに整数となるとき，$a$ の値を求めよ。

**5** 2つの不等式 $|2x-5|<7$ ……①，$|x-a|<3$ ……② について，次の問いに答えよ。ただし，$a$ は実数の定数とする。

[武庫川女子大]

(1) 不等式①を解け。

(2) 不等式①，②をともに満たす整数がちょうど 4 個になるとき，$a$ のとり得る値の範囲を求めよ。

**advice**
**3** $1+xy-x-y=(x-1)(y-1)$ と因数分解することができる。
**4** 2つの方程式から $x$ を消去した方程式をつくる。
**5** (2)連立不等式の解を数直線上に表し，整数解が 4 個になるように $a$ の値の範囲を定める。

いろいろな関数とグラフ

月　　日

解答 ▶ 別冊p.10

☑ 基礎Check

**1** 関数 $y = 2|x-1| + |x+1|$ のグラフをかけ。

**2** 関数 $y = \sqrt{(x+1)^2} + \sqrt{(x-1)^2}$ のグラフをかけ。

**1** 関数 $y = |2x-1| + |x-2|$ のグラフをかけ。また，$|2x-1| + |x-2| = 2$ を満たす $x$ の値を求めよ。

[関西大]

☆ **2** 関数 $f(x) = |2x-1| + |x+3|$ の最小値を求めよ。

[京都産業大]

☆ **3** 関数 $y=|x|+|x-1|+3|x-2|+|x-3|$ $(-1\leqq x\leqq 4)$ の最大値と最小値を求めよ。

［北海道医療大］

**4** $a$ を正の定数とするとき，関数 $y=2|x-1|+a|x-2|+4|x-3|$ の最小値を求めよ。

**5** 実数 $x$ に対して，$[x]$ は $n\leqq x<n+1$ となる整数 $n$ を表す。次の問いに答えよ。　［東京電機大］

(1) $([x])^2+2[x]-3=0$ を満たす $x$ の値の範囲を求めよ。

(2) $[3x]-[x]=4$ を満たす $x$ の値の範囲を求めよ。

---

**advice**

**2** グラフは折れ線になるので，$x=-3$ または $x=\dfrac{1}{2}$ で最小値をとる。

**4** $a$ の値によって，最小値をとる $x$ の値が変わる。

**5** (1)方程式を解いて $[x]$ を求め，そこから $x$ の範囲を求める。

# 2次関数とグラフ

## ☑ 基礎Check

**1** 次の2次関数のグラフの頂点の座標を求めよ。

(1) $y = x^2 + 2x + 4$

(2) $y = 2x^2 - 8x + 5$

**2** 2次関数 $y = x^2 - 2x - 8$ のグラフを $x$ 軸方向に $3$，$y$ 軸方向に $-2$ だけ平行移動した放物線の方程式を求めよ。

**1** 2次関数 $y = -3x^2$ のグラフを $x$ 軸方向に $3$，$y$ 軸方向に $-2$ だけ平行移動した放物線の方程式が $y = -3x^2 + px + q$ になる。このとき，$p$，$q$ の値を求めよ。　　　　　[立教大]

**2** $y = x^2 - 6x + 7$ のグラフは $y = x^2 + 2x + 2$ のグラフを $x$ 軸方向に $\boxed{(1)}$，$y$ 軸方向に $\boxed{(2)}$ だけ平行移動したものである。$\boxed{\phantom{xx}}$ をうめよ。　　　　　[獨協大]

☆ **3** 放物線 $y = 3x^2$ を $x$ 軸方向に $a$, $y$ 軸方向に $b$ だけ平行移動したグラフが 2 点 $(-6, 0)$, $(2, 0)$ を通るとき，定数 $a$, $b$ の値を求めよ。

[広島工業大]

☆ **4** 放物線 $C : y = ax^2 + bx + c$ ($a$, $b$, $c$ は定数 $a \neq 0$) について考える。$C$ を $x$ 軸方向に 4，$y$ 軸方向に $-2$，それぞれ平行移動させると，$y = x^2 - 6x + 4$ のグラフに重なる。$b$ の値を求めよ。

[自治医科大]

**5** ある 2 次関数 $y = f(x)$ のグラフを，$x$ 軸方向に $-3$，$y$ 軸方向に $-2$ 平行移動したのちに，原点に関して対称移動したグラフを，さらに $x$ 軸方向に 3，$y$ 軸方向に 2 平行移動すると関数 $y = -2x^2 + 3$ のグラフと一致した。関数 $f(x)$ を求めよ。

[愛知医科大]

**advice**
**2** 放物線の頂点の移動を見ればよい。
**4** $y = x^2 - 6x + 4$ を逆に平行移動させてもとに戻せばよい。
**5** $y = -2x^2 + 3$ を逆に平行移動と対称移動してもとに戻せばよい。

# 10 ｜ 2 次関数の最大・最小 ①

## ☑ 基礎 Check

**1** 次の 2 次関数の最大値と最小値を求めよ。

(1) $y = x^2 + 4x - 1 \, (-3 \leq x \leq 1)$　　　　(2) $y = -2x^2 + 6x \, (-1 \leq x \leq 2)$

**2** $a$ を定数とするとき，関数 $f(x) = x^2 - 2ax + 2a \, (1 \leq x \leq 3)$ の最小値を求めよ。

**1** 2 次関数 $y = 2x^2 - 4x + a \, (-1 \leq x \leq 4)$ の最大値が 13 であるとき，定数 $a$ の値を求めよ。

[帝塚山大]

**2** 2 次関数 $y = ax^2 + 4ax + b$ が $-1 \leq x \leq 2$ において最大値 5，最小値 1 をとるとき，$a$，$b$ の値を求めよ。

[東北学院大]

☆ **3** $m$ を定数とする。関数 $y=-2x^2+(8m+4)x-5m+1$ について，次の問いに答えよ。

[東北医科薬科大]

(1) この関数の最大値 $M$ を $m$ の式で表すと $M=\boxed{\phantom{AAA}}$ である。

(2) 定数 $m$ の値を変化させ $m$ が全ての実数値を取り得るようにするとき，(1) における $M$ が最も小さくなるときの $m$ の値とそのときの $M$ の値は $m=\boxed{①}$，$M=\boxed{②}$ である。

☆ **4** 2次関数 $y=x^2-4x+1(a\leqq x\leqq a+1)$ の最小値 $m$ を $a$ を使って表せ。ただし，$a$ は実数である。

[関西学院大－改]

**5** $a$ は実数として，$x$ の 2 次関数 $y=x^2-2(a-1)x+6a^2-22a+20$ を考える。$y$ の最小値を $m$ とする。$a$ の値を $-1\leqq a\leqq 4$ の範囲で変化させたとき，$m$ の最大値，最小値，および，そのときの $a$ の値を求めよ。

[大阪経済法科大－改]

**advice**
- **3** まず $m$ を定数として最大値 $M$ を $m$ で表し，次に $m$ を動かして考える。
- **4** 軸である直線 $x=2$ が定義域の左側，定義域の中，定義域の右側にあるときで場合分けする。
- **5** $y$ の最小値 $m$ は $a$ の 2 次関数である。

# 11 ｜ 2 次関数の最大・最小 ②

## ☑ 基礎Check

**1** $x \geqq 0$, $y \geqq 0$, $x+y=16$ のとき，$xy$ の最大値，最小値を求めよ。

**2** 関数 $y=(x^2-2x)^2+4(x^2-2x)$ の最小値を求めよ。

☆ **1** 関数 $f(x)=(x^2+2x-1)^2+2(x^2+2x-1)+7$ が与えられている。次の問いに答えよ。

［桃山学院大 − 改］

(1) $x^2+2x-1=t$ とおくとき，$t$ のとり得る値の範囲を求めよ。

(2) $f(x)$ の最小値，および，そのときの $x$ の値を求めよ。

**2** 実数 $x$, $y$ が $x+4y=4$, $x \geqq 0$, $y \geqq 0$ を満たすとする。このとき，$xy$ の最大値は [(1)] である。また，$(x^2+16)(y^2+1)$ の最大値は [(2)] であり，最小値は [(3)] である。

［成蹊大］

☆ **3** $a$ は定数とする。$y=-(x^2+2x)^2-2a(x^2+2x)-a^2+4$ のとき，$y$ の最大値を求めよ。

［愛知学院大－改］

**4** 実数 $x$, $y$, $z$ は $x+y+3z-19=0$, $3x-y+z-13=0$, $y \geqq 1$, $z \geqq 1$ を満たしながら変わる。このとき，$x^2+y^2+z^2$ の最大値と最小値を求めよ。

［自治医科大］

**advice**

**2** (1) 1 文字消去し，1 変数にして考える。文字を消去したとき，残った文字の範囲には注意すること。

**3** $x^2+2x=t$ とおく。$a$ の値により場合分けが必要。

**4** 条件式から $y$, $z$ を消去し，$x$ の 2 次式で最大値，最小値を求める。

# 12 | 2 次関数の最大・最小 ③

月　　日

解答 ▶ 別冊p.16

## ☑ 基礎Check

**1** 関数 $f(x)=|x^2-8x+12|$ の $3\leqq x\leqq 8$ における最大値と最小値を求めよ。

**2** $x$, $y$ を実数とするとき，$x^2-4xy+5y^2+6y+13$ の最小値を求めよ。

**1** 関数 $f(x)=-x^2+2\left|x-\dfrac{1}{2}\right|+1$ について，次の問いに答えよ。

[関西学院大 – 改]

(1) $y=f(x)$ のグラフをかけ。

(2) $f(x)$ の最大値を求めよ。

(3) 曲線 $y=f(x)$ と直線 $y=a$ との共有点が 4 個となるような $a$ の値の範囲を求めよ。

☆ **2** 関数 $f(x)=|x^2-10x+18|$ を考える。$a$ を実数とするとき，$f(x)$ の $a\leqq x\leqq a+4$ における最大値が 7 となるような $a$ の値の範囲を求めよ。

［南山大］

☆ **3** $t\geqq 1$ とする。関数 $f(x)=(x+1)|x-3|$ の $t\leqq x\leqq t+1$ における最小値を $t$ で表せ。

**4** $x$, $y$ を実数とする。$2x^2+y^2-2xy+14x-8y+18$ の値は $x=\boxed{(1)}$，$y=\boxed{(2)}$ のとき最小となり，最小値は $\boxed{(3)}$ である。

［日本大］

**advice**

**2** $y=|g(x)|$ のグラフは，$y=g(x)$ のグラフで $y<0$ の部分を $x$ 軸について折り返したものである。

**3** $t$ の値によって 3 つの場合に分ける。

**4** まず $x$ を定数とみて与えられた式の最小値を $x$ で表し，次に $x$ を動かして考える。

# 13 ｜ 2 次関数の決定

## ☑ 基 礎 Check

**1** グラフが次のようになる 2 次関数の式を求めよ。

(1) 3 点 $(-2, 1)$, $(-1, 2)$, $(1, 10)$ を通る。

(2) 頂点の座標が $(2, -3)$ で，点 $(1, -6)$ を通る。

(3) 放物線 $y = 2x^2$ を平行移動したもので，$x$ 軸と $x = 2$, $4$ で交わる。

**1** 放物線 $y = ax^2 + bx + c$ について，次の問いに答えよ。

[関東学院大]

(1) 頂点が $(1, -3)$ で，点 $(0, -1)$ を通るとき，$a$, $b$, $c$ の値を求めよ。

(2) 頂点が直線 $y = x + 1$ 上にあり，2 点 $(0, 4)$, $(2, 4)$ を通るとき，$a$, $b$, $c$ の値を求めよ。

☆ **2** 放物線 $y = ax^2 + bx + c$ は 3 点 $(-2, -3), (0, -1), (1, 6)$ を通る。このとき，定数 $a$，$b$，$c$ の値を求め，さらにこの放物線の頂点の座標を求めよ。

［北海学園大］

☆ **3** グラフが 2 点 $(-1, 2), (2, 2)$ を通り，最小値が $-7$ であるような 2 次関数を求めよ。

［岡山理科大］

**4** $a$，$b$ を定数とする。2 次関数 $y = -x^2 + (2a+4)x + b$ のグラフの頂点が直線 $y = -4x - 1$ 上にあるとする。次の問いに答えよ。

［センター試験 - 改］

(1) $b$ を $a$ で表せ。

(2) $0 \leqq x \leqq 4$ における $y$ の最小値が $-22$ になるとき，$a$ の値を求めよ。

---

**advice**

**1** (2)頂点の座標を $(t, t+1)$ とおく。

**3** 2 点 $(-1, 2), (2, 2)$ の $y$ 座標がともに 2 であることを利用すると，簡単に解くことができる。

**4** (2)軸の $x$ 座標と区間 $0 \leqq x \leqq 4$ の中央 $x = 2$ の大小によって場合分けする。

# 14 | 2 次方程式

## ☑ 基礎Check

**❶** 次の 2 次方程式を解け。

(1) $x^2 - 2x - 15 = 0$

(2) $2x^2 + 11x + 15 = 0$

(3) $2x^2 - 4x + 1 = 0$

(4) $16x^2 - 40x + 25 = 0$

**❷** 2 次方程式 $x^2 - 4x + 2k = 0$ が重解をもつとき，定数 $k$ の値を求めよ。

---

**❶** $a$, $b$ が有理数である $x^2 + ax + b = 0$ の 1 つの解が $2 + \sqrt{3}$ であるとき，
方程式 $ax^2 - 7x + 2b = 0$ の解を求めよ。

[北海道薬科大]

★ **❷** 2 次方程式 $kx^2 + (k+2)x + \dfrac{1}{k} = 0$ が実数解をもたないような定数 $k$ の値の範囲を求めよ。

[湘南工科大]

**3** 次の方程式を解け。

(1) $x^2 + x - 2 = |x + 1|$　　　　［東京聖栄大］　　(2) $\sqrt{2x - x^2} = 1 - 2x$　　　　［京都産業大］

☆ **4** 2つの2次方程式 $2x^2 - 2kx + k = 0$ と $-3x^2 + 9kx - k = 25$ が，どちらも重解をもつとき，定数 $k$ の値を求めよ。　　　　［前橋国際大］

**5** 次の問いに答えよ。　　　　［横浜市立大－改］

(1) $t = x + \dfrac{1}{x}$ とおくとき，$x^2 + \dfrac{1}{x^2}$ を $t$ についての多項式で表せ。

(2) 方程式 $x^4 - 8x^3 + 17x^2 - 8x + 1 = 0$ を解け。

---

ⓐⓓⓥⓘⓒⓔ
**1** $A$, $B$ が有理数で，$A + B\sqrt{3} = 0$ ならば，$A = B = 0$ である。
**3** (2)両辺を2乗する。ただし，ルートの中身は0以上であることに注意する。
**5** (2)$x \neq 0$ だから，方程式の両辺を $x^2$ で割った式を $t$ で表す。

# 15 | 2 次不等式 ①

### ☑ 基礎Check

**1** 次の 2 次不等式を解け。

(1) $x^2 + x - 6 > 0$

(2) $x^2 + 8x + 10 < 0$

**2** 不等式 $-x^2 + ax + b > 0$ の解が $-2 < x < 5$ であるとき，定数 $a$, $b$ の値を求めよ。

**1** 不等式 $x^2 + 2|x+1| - 5 < 0$ を解け。

[龍谷大]

☆ **2** 連立不等式 $\begin{cases} x^2 - 5x + 3 \leqq x - 2 \\ x^2 - 5x + 3 \leqq -(x-2) \end{cases}$ を解け。

[神奈川工科大]

**3** 正の実数 $a$ に対して，連立不等式 $a|x-5| \leqq 8$, $x^2-6x+5 \geqq 0$ を満たす整数 $x$ の個数を $N$ とおく。次の問いに答えよ。

[法政大]

(1) $a=1$ のとき，$N$ を求めよ。

(2) $N=6$ となるような $a$ の値の範囲を求めよ。

☆ **4** $x$ の 2 次不等式 $x^2+2ax+a^2-4a-9<0$ の解に $x=1$ が含まれるような実数 $a$ の値の範囲を求めよ。

[明海大]

**5** $f(x)=x^2-(a+1)x+a$ とするとき，$f(x)<0$ を満たす整数解がないような定数 $a$ の値の範囲を求めよ。

[北星学園大－改]

advice
**3** $x^2-6x+5 \geqq 0$ の解は $x \leqq 1$, $5 \leqq x$ である。
**4** $x=1$ を代入した不等式が成り立てばよい。
**5** $f(x)=(x-1)(x-a)$ と因数分解できる。

# 16 ｜ 2次不等式 ②

## ☑ 基礎Check

**1** 次の問いに答えよ。

(1) 2次不等式 $x^2+6x-36<0$ ……① を解け。

(2) $5x-3<3x+a$ ……② とする。2つの不等式①，②を同時に満たす整数 $x$ がちょうど7個存在するとき，実数 $a$ の値の範囲を求めよ。

**2** すべての実数 $x$ に対して不等式 $x^2+2ax+4a>0$ が成り立つような定数 $a$ の値の範囲を求めよ。

**1** $x$ の2つの不等式を，$x^2+2x-2<0$ ……①，$x^2-2ax+a^2-1>0$ ……② とする。次の問いに答えよ。
[北星学園大－改]

(1) ①を解け。

(2) ②を解け。

(3) ①を満たすすべての $x$ が②を満たすとき，$a$ の値の範囲を求めよ。

☆ **2** $m$ を実数の定数とする。すべての実数 $x$ に対して，$mx^2+(m-2)x+(m-2)<0$ が成り立つとき，$m<\boxed{\phantom{x}}$ である。

［武蔵大］

**3** $-2 \leqq x \leqq 3$ のとき，不等式 $x^2>8x+a$ がつねに成り立つような定数 $a$ の値の範囲を求めよ。

［杏林大］

☆ **4** $x$ についての 2 次不等式 $ax^2+2bx+1 \leqq 0$ $(a \neq 0)$ が解をもたないような $a$，$b$ についての条件を求めよ。

［産業能率大］

**5** $f(x)=-x^2+(a-8)x+3a$，$g(x)=x^2-(a-4)x-a+24$ （ただし，$x$，$a$ は実数）とする。いかなる $x$ に対しても $f(x)<g(x)$ が成り立つような $a$ の値の範囲を求めよ。

［島根県立大］

**advice**

**3** $-2 \leqq x \leqq 3$ における $f(x)=x^2-8x-a$ の最小値が 0 より大きければよい。

**4** $a>0$ のときと $a<0$ のときに場合分けして考える必要がある。

**5** すべての実数 $x$ に対して $g(x)-f(x)>0$ であればよい。

# 17 ｜ グラフと方程式・不等式 ①

## ☑ 基礎Check

**1** 2 次方程式 $x^2-2ax-a+1=0$ の実数解が次のそれぞれの場合，定数 $a$ の値の範囲を求めよ。

(1) 2 つの実数解がともに $0 \leqq x \leqq 2$ の範囲にある。

(2) 1 つの実数解が負で，1 つの実数解が正である。

☆ **1** 2 次方程式 $4x^2-4mx-2m+3=0$ の解が次のそれぞれの場合について，定数 $m$ の値の範囲を求めよ。

[摂南大]

(1) 異なる 2 つの正の解をもつとき。

(2) 異なる 2 つの負の解をもつとき。

(3) 異符号の解をもつとき。

**2** $a$ を正の実数とする。$x$ の 2 次方程式 $6x^2 - 4ax + a = 0$ が異なる 2 つの実数解をもつような $a$ の値の範囲は ⑴ であり，$-1 < x < 1$ の範囲に異なる 2 つの実数解をもつような $a$ の値の範囲は ⑵ である。

［愛知工業大］

☆ **3** 2 次方程式 $x^2 + ax + a^2 - 4 = 0$ が正の解と負の解を 1 つずつもつときの $a$ の値の範囲を求めよ。

［神戸薬科大］

**4** $x$ の 2 次方程式 $x^2 - kx + \dfrac{3}{4}k + 1 = 0$ が $-2 < x < 1$ の範囲に異なる 2 つの実数解をもつとき，定数 $k$ の値の範囲を求めよ。

［北海道医療大］

**advice**
**2** ⑵ $f(x) = 6x^2 - 4ax + a$ とおく。$D > 0$，$-1 < (軸) < 1$，$f(-1) > 0$，$f(1) > 0$ であればよい。
**4** $f(x) = x^2 - kx + \dfrac{3}{4}k + 1$ とおく。$D > 0$，$-2 < (軸) < 1$，$f(-2) > 0$，$f(1) > 0$ であればよい。

# 18 | グラフと方程式・不等式 ②

月　　日

解答 ● 別冊p.24

## ☑ 基礎 Check

**❶ 関数** $f(x)=|(x+1)(x-2)|-x$ について，次の問いに答えよ。

(1) グラフをかけ。

(2) 方程式 $f(x)=k$ の異なる実数解の個数は定数 $k$ の値によってどのように変化するかを調べよ。

**❶** 実数 $x$ に対し，$f(x)=(x-1)|x-5|+6$ とおく。次の問いに答えよ。 [法政大]

(1) $f(x)=0$ の解を求めよ。

(2) $k$ を実数の定数とするとき，$f(x)=k$ の異なる解の個数が $3$ となるような $k$ の値の範囲を求めよ。

☆ **2** $f(x) = \begin{cases} x^2 - 2x + 3 & (x < 0) \\ |x^2 - 2x - 3| & (x \geqq 0) \end{cases}$ のとき，次の問いに答えよ。 [甲南大]

(1) 関数 $y = f(x)$ のグラフの概形をかけ。

(2) 方程式 $f(x) = \dfrac{x}{2} + k$ が，ちょうど 3 個の異なる実数解をもつための，定数 $k$ の値を求めよ。

☆ **3** 2 次方程式 $|x^2 - 1| + x - k = 0$ が 4 個の異なる実数解をもつような $k$ の値の範囲を求めよ。ただし，$k$ は実数とする。 [青山学院大]

**4** 曲線 $y = |x^2 - 4x + 3|$ と直線 $y = ax$ が相異なる 3 点を共有するとき，$a$ の値を求めよ。 [奈良県立医科大]

---

**advice**

**2** (2) $y = f(x)$ のグラフと $y = \dfrac{x}{2} + k$ のグラフの共有点の個数が 3 個となればよい。

**3** $y = |x^2 - 1| + x$ のグラフと $y = k$ のグラフの共有点の個数が 4 個となればよい。

**4** 直線 $y = ax$ が曲線と接する場合である。

# グラフと方程式・不等式 ③

## ☑ 基礎Check

**1** $f(x)=x^2-(m+1)x+4$ とするとき，次の問いに答えよ。

(1) すべての実数 $x$ に対して不等式 $f(x)>0$ が成り立つとき，定数 $m$ の値の範囲を求めよ。

(2) ある実数 $x$ に対して不等式 $f(x)<0$ が成り立つとき，定数 $m$ の値の範囲を求めよ。

(3) $-1\leqq x\leqq 2$ のすべての実数 $x$ に対して不等式 $f(x)\geqq 0$ が成り立つとき，定数 $m$ の値の範囲を求めよ。

**1** $f(x)=x^2+2ax+2a^2-2a-4$ （$a$ は定数）とするとき，次の問いに答えよ。　［京都学園大－改］

(1) すべての実数 $x$ に対して不等式 $f(x)\geqq 0$ が成り立つとき，$a$ の値の範囲を求めよ。

(2) $0\leqq x\leqq 1$ であるすべての実数 $x$ に対して不等式 $f(x)\geqq 0$ が成り立つとき，$a$ の値の範囲を求めよ。

☆ **2** $k$ を実数の定数とする。2次不等式 $(3-k)\{x^2-(k+2)x+2(k+2)\}>0$ がすべての実数 $x$ に対して成立するような $k$ の値の範囲を求めよ。

[東京薬科大]

☆ **3** $0 \leqq x \leqq 2$ を満たすすべての実数 $x$ に対して，不等式 $x^2-ax-a<x$ が成り立つような実数 $a$ の値の範囲を求めよ。

[関西大]

**4** $a$ を実数の定数とし，$f(x)=x^2+2x-2$, $g(x)=-x^2+2x+a+1$ とする。

[愛知学院大]

(1) すべての実数 $x$ に対して，$f(x)>g(x)$ となるような $a$ の範囲は $a<\boxed{\phantom{0}}$ である。

(2) $-2 \leqq x \leqq 2$ を満たすすべての実数 $x$ に対して，$f(x)<g(x)$ となるような $a$ の範囲は $a>\boxed{\phantom{0}}$ である。

(3) $-2 \leqq x \leqq 2$ を満たすある実数 $x$ に対して，$f(x)<g(x)$ となるような $a$ の範囲は $a>\boxed{\phantom{0}}$ である。

(4) $-2 \leqq x_1 \leqq 2$, $-2 \leqq x_2 \leqq 2$ を満たすすべての実数 $x_1$, $x_2$ に対して，$f(x_1)<g(x_2)$ となるような $a$ の範囲は $a>\boxed{\phantom{0}}$ である。

**advice**

**1** (2) $0 \leqq x \leqq 1$ における $f(x)$ の最小値が 0 以上であればよい。

**2** まず，$3-k$ の値の範囲について考える。

**4** 2つの関数の大小関係は，最大値・最小値を利用する。

# 20 | 集合と命題 ①

## ☑ 基礎Check

**1** 1 から 30 までの自然数の集合を $U$ とし，$U$ の部分集合で，3 の倍数の集合を $A$，5 の倍数の集合を $B$，素数の集合を $C$ とする。このとき，次の集合を要素を書きならべる方法で表せ。

(1) $A \cap B$

(2) $B \cup C$

(3) $\overline{B} \cap \overline{C}$

**2** 数直線上の 2 つの集合を $A = \{x \mid -1 \leqq x \leqq 5\}$，$B = \{x \mid k \leqq x \leqq k+2\}$ とする。$A \supset B$ となるような定数 $k$ の値の範囲を求めよ。

**1** $P = \{x \mid |x-3| \geqq -2x+3\}$，$Q = \{x \mid -x^2+4x+1 \leqq 0\}$ （ただし，$x$ は実数）のとき，次の集合を求めよ。

[昭和女子大]

(1) $P$

(2) $\overline{Q}$

(3) $P \cap Q$

(4) $\overline{P \cup Q}$

☆ **2** 2つの集合 $A=\{x\,|\,x^2-3x+2\leqq0\}$, $B=\{x\,|\,x^2-(a+1)x+a\leqq0\}$ とし，$a$ を定数とする。

[中京大]

(1) $B\subset A$ となるような $a$ の値の範囲は $\boxed{①}\leqq a\leqq\boxed{②}$ である。

(2) $a=3$ のとき，$B\cup A=\{x\,|\,\boxed{①}\leqq x\leqq\boxed{②}\}$，$B\cap A=\{x\,|\,\boxed{③}\leqq x\leqq\boxed{④}\}$ である。

☆ **3** $a$ を 0 でない実数とする。2 次不等式 $ax^2-3a^2x+2a^3\leqq0$ の解の集合を $A$，$x^2+x-2\geqq0$ の解の集合を $B$ とする。次の問いに答えよ。

[島根大]

(1) $A\cap B$ が空集合となるような $a$ の値の範囲を求めよ。

(2) $A\cup B$ が実数全体の集合となるような $a$ の値の範囲を求めよ。

**4** 集合 $A=\{2,\ 4,\ c-1\}$，$B=\{3,\ 2c-a-1\}$，$C=\{2,\ 2c+b-2\}$ について，$B=C\subset A$ となるように，定数 $a$，$b$，$c$ の値を定めよ。

[関西大]

**advice**
- **2** (1) $x^2-(a+1)x+a=(x-1)(x-a)$ と因数分解できる。$a\geqq1$ と $a<1$ で場合分けする。
- **3** $ax^2-3a^2x+2a^3=a(x-a)(x-2a)$ と因数分解できる。$a>0$ と $a<0$ で場合分けする。
- **4** $B\subset A$ より，$c-1=3$ $c=4$

# 21 | 集合と命題 ②

## ☑ 基礎Check

**❶** 次の命題の逆，裏，対偶をそれぞれ述べよ。また，それらの真偽を判定せよ。

（命題）　「$x+y>0$ ならば $x>0$ かつ $y>0$ である」

**❷** 次の ☐ の中にあてはまる語句を，あとのア～エから 1 つずつ選べ。

(1) $x+y>0$ であることは $x>0$ かつ $y>0$ であるための ☐ 。

(2) 対角線の長さが等しいことは四角形が平行四辺形であるための ☐ 。

(3) $a>b$ であることは $ac>bc$ であるための ☐ 。

(4) $a>0$ であることは $\sqrt{a^2}=a$ であるための ☐ 。

　　ア　必要条件であるが十分条件ではない　　　イ　十分条件であるが必要条件ではない
　　ウ　必要十分条件である　　　　　　　　　　エ　必要条件でも十分条件でもない

**1** $x$, $y$ は実数とする。次の命題の真偽を判定せよ。 [埼玉工業大]

(1) 命題「$x^2+y^2=0$ ならば $x=y=0$」は ☐ ，その逆は ☐ である。

(2) 命題「$x$, $y$ がともに有理数ならば，$xy$ は有理数」は ☐ ，その逆は ☐ である。

(3) 命題「$x=0$ ならば，$xy=0$」は ☐ ，その逆は ☐ である。

(4) 命題「$xy<0$ ならば，$x<0$ または $y<0$」は ☐ ，その逆は ☐ である。

**2** 次の問いに答えよ。

(1) 命題「$xy<9$ ならば，$x<3$ または $y<3$」の対偶を述べよ。 [明海大]

(2) 命題「$x\geqq5$ かつ $y\geqq5$ ならば $x+y\geqq10$」の対偶を述べよ。 [日本大]

☆ **3** 次の ☐ に適するものを，あとのア～エから選べ。ただし，同じものを繰り返し選んでも
よい。

[富山県立大]

(1) $n$ を自然数とする。$4n^2 - 16n + 15 < 0$ は，$n = 2$ であるための ☐

(2) $x$ を実数とする。$x = 2$ は，$3x^2 - 8x + 4 = 0$ であるための ☐

(3) $x$, $y$ を実数とする。$x(y^2 - 1) = 0$ は，$x = 0$ であるための ☐

 **ア** 十分条件であるが，必要条件ではない。
 **イ** 必要条件であるが，十分条件ではない。
 **ウ** 必要十分条件である。
 **エ** 必要条件でも十分条件でもない。

**4** 次の ☐ の中にあてはまる語句を，あとのア～エから 1 つずつ選べ。

(1) 自然数 $m$, $n$ について，$m^2 + n^2$ を 4 で割ると 2 余ることは，$m$, $n$ がともに奇数であるため
の ☐ 。

[成蹊大－改]

(2) 自然数 $n$ について，$n^2$ を 3 で割ると 1 余ることは，$n$ を 3 で割ると 1 余るための ☐ 。

[法政大]

 **ア** 必要条件であるが十分条件ではない
 **イ** 十分条件であるが必要条件ではない
 **ウ** 必要十分条件である
 **エ** 必要条件でも十分条件でもない

☆ **5** $k$ を整数とする。$k^2$ が 3 の倍数ならば，$k$ は 3 の倍数であることを示せ。 [京都工芸繊維大]

**advice**
**2** (1)「$x < 3$ または $y < 3$」の否定は「$x \geqq 3$ かつ $y \geqq 3$」である。
**3**・**4** 「$p$ ならば $q$」が真のとき，$p$ は $q$ であるための十分条件，$q$ は $p$ であるための必要条件。
**5** 対偶である「$k$ が 3 の倍数でないならば $k^2$ は 3 の倍数でない」を示す。

# 22 | 三角比の相互関係

## ☑ 基礎Check

**1** $0° < \theta < 90°$ で，$\sin\theta = \dfrac{1}{3}$ のとき，次の値を求めよ。

(1) $\cos\theta$ 　　　　　　　(2) $\tan\theta$ 　　　　　　　(3) $\sin(90° - \theta)$

**2** $\sin\theta + \cos\theta = \dfrac{1}{2}$ のとき，次の値を求めよ。

(1) $\sin\theta\cos\theta$ 　　　　　　　　　(2) $\tan\theta + \dfrac{1}{\tan\theta}$

**1** $0° \leqq \theta \leqq 180°$ とする。$\sin\theta + \cos\theta = \dfrac{1}{3}$ のとき，$\sin\theta = \boxed{\phantom{xx}}$ である。　　　　[日本大]

★ **2** $\tan\theta = \dfrac{1}{2}$ のとき，$\dfrac{\sin\theta}{1 + \cos\theta}$ の値を求めよ。ただし，$0° < \theta < 90°$ とする。　　　　[立教大－改]

**3** $0° < \theta < 90°$ で，$\tan\theta = \dfrac{4}{3}$ のとき，$\dfrac{\sin(\theta + 90°) + \tan(\theta + 90°)}{\sin(180° - \theta) + \tan(180° - \theta)}$ の値を求めよ。 [金沢工業大]

☆ **4** $0° < \theta < 90°$ とする。$\dfrac{1}{\sin\theta} + \dfrac{1}{\cos\theta} = 2\sqrt{6}$ のとき，$\sin\theta\cos\theta$ の値を求めよ。 [愛知工業大－改]

**5** $0° \leqq \theta \leqq 90°$ の $\theta$ に対して，$7\sin\theta + \cos\theta = 5$ が成り立っているとき，$\dfrac{\sin\theta}{1 + \cos\theta} + \dfrac{\cos\theta}{1 + \sin\theta}$

の値を求めよ。 [東邦大]

advice
**1** $\sin^2\theta + \cos^2\theta = 1$ であることを利用する。
**4** 両辺を 2 乗する。$\sin\theta\cos\theta = x$ とおくと，$x$ についての 2 次方程式ができる。
**5** $\cos\theta = 5 - 7\sin\theta$ を $\sin^2\theta + \cos^2\theta = 1$ に代入して，$\sin\theta$，$\cos\theta$ の値を求める。

# 23 三角比の応用 ①

## ☑ 基礎Check

**❶** $0° \leqq \theta \leqq 180°$ とするとき，次の等式を満たす $\theta$ の値を求めよ。

(1) $\sin\theta = \dfrac{\sqrt{2}}{2}$

(2) $\cos\theta = -\dfrac{1}{2}$

**❷** $0° \leqq \theta \leqq 180°$ とするとき，次の不等式を満たす $\theta$ の値の範囲を求めよ。

(1) $\sin\theta < \dfrac{1}{2}$

(2) $\tan\theta < 1$

**❶** 方程式 $9\sin x - 2\cos^2 x - 3 = 0$ （ただし，$0° \leqq x \leqq 180°$）を解け。 ［玉川大－改］

☆ **❷** 不等式 $-\cos^2 x + \dfrac{\sqrt{3}}{6}\sin x > 0$ （ただし，$0° \leqq x \leqq 180°$）を解け。 ［立教大－改］

**3** $0° \leqq \theta \leqq 180°$ において，$\sin\theta \geqq \dfrac{1}{2}$，$\cos\theta \leqq -\dfrac{1}{2}$ のとき，$\tan\theta$ の取り得る値の範囲を求めよ。

［日本工業大 − 改］

☆ **4** $10\cos^2\theta - 24\sin\theta\cos\theta - 5 = 0$ のとき，$|\tan\theta|$ の値を求めよ。ただし，$90° < \theta < 180°$ とする。

［自治医科大 − 改］

**5** $0° < x < 90°$ のとき，方程式 $E : \dfrac{1}{\sin x} + \dfrac{1}{\cos x} = 2\sqrt{2}$ が成立しているとする。

［自治医科大 − 改］

(1) $\sin x + \cos x$ と，$\sin x \cos x$ の値を求めよ。

(2) 方程式 $E$ の解を求めよ。

---

**advice**

**1・2** $\cos^2 x = 1 - \sin^2 x$ を利用して，$\sin x$ についての方程式，不等式を解く。

**4** 両辺を $\cos^2\theta$ で割って，$\dfrac{1}{\cos^2\theta} = 1 + \tan^2\theta$ を利用する。

**5** 方程式 $E$ の分母をはらい，$\sin x + \cos x = t$ とおいて，方程式 $E$ を $t$ についての方程式として解く。$\sin^2 x + \cos^2 x = 1$ を利用する。

# 24 三角比の応用 ②

☑ 基礎Check

**1** 関数 $y=4\sin^2 x-3\cos x+2a-1$（$a$ は定数）について次の問いに答えよ。ただし，$0°\leqq x\leqq 180°$ とする。

(1) $\cos x=t$ とおいて，$y$ を $t$ の関数 $f(t)$ として表せ。

(2) $t$ の値の範囲を求めよ。

(3) 方程式 $y=0$ が 2 つの異なる実数解 $x$ をもつような $a$ の値の範囲を求めよ。

☆ **1** $0°\leqq x\leqq 180°$ のとき，方程式 $\cos^2 x-4\sin x+a=0$（$a$ は定数）が異なる 2 つの実数解をもつような $a$ の値の範囲を求めよ。

[千葉工業大－改]

☆ **2** $0° \leqq \theta \leqq 180°$ とする。関数 $f(x) = x^2 - 2x\cos\theta + \sin^2\theta$ について、次の問いに答えよ。

[桜美林大－改]

(1) $f(x)$ の最小値が $0$ となるような $\theta$ の値を求めよ。

(2) 方程式 $f(x) = 0$ が実数解をもたないような $\theta$ の値の範囲を求めよ。

(3) 方程式 $f(x) = 0$ の $2$ つの解がともに負となるような $\theta$ の値の範囲を求めよ。

**3** 方程式 $8\sin^2\theta + 2(a-6)\sin\theta + 4 - a = 0$ が $0° \leqq \theta \leqq 180°$ において異なる $4$ つの実数解をもつような $a$ の値の範囲を求めよ。

[東北学院大]

---

**advice**

**1** $\sin x = t$ とおく。$t$ についての $2$ 次方程式が $0 \leqq t < 1$ の範囲に解を $1$ つもてばよい。

**2** (2)・(3) $x$ についての $2$ 次方程式で、$\sin\theta$, $\cos\theta$ は定数である。

**3** 方程式を満たす $\theta$ の個数を考える際は、三角比の値と解の個数の対応関係に注意する。

# 25 | 正弦定理と余弦定理

## ☑ 基礎Check

**1** △ABC において，$b=6$，$B=45°$，$C=30°$ のとき，次の値を求めよ。

(1) $c$

(2) 外接円の半径 $R$

**2** △ABC において，$a=5$，$b=4$，$C=60°$ のとき，次の値を求めよ。

(1) $c$

(2) $\cos B$

**1** 三角形 ABC の 3 辺の長さがそれぞれ AB $=3$，BC $=7$，CA $=8$ であるとき，∠BAC の大きさと，三角形 ABC の外接円の半径を求めよ。

[立教大]

☆**2** △ABC において，頂点 A，B，C に向かい合う辺 BC，CA，AB の長さをそれぞれ $a$，$b$，$c$ で表し，∠A，∠B，∠C の大きさを，それぞれ $A$，$B$，$C$ で表す。

$\sin A : \sin B : \sin C = 3 : 7 : 8$ が成り立つとき，ある正の実数 $k$ を用いて $a = \boxed{(1)}\,k$，$b = \boxed{(2)}\,k$，$c = \boxed{(3)}\,k$ と表すことができるので，この三角形の最も大きい角の余弦の値は $\boxed{(4)}$ であり，正接の値は $\boxed{(5)}$ である。

[慶應義塾大－改]

**3** $\triangle$ABC において，AC $= 10$，BC $= 6$，$\cos A = \dfrac{4}{5}$ とし，辺 AC の中点を M とする。このとき，$\tan A = \boxed{(1)}$ であり，$\triangle$BCM の外接円の半径は $\boxed{(2)}$ である。$\boxed{\phantom{}}$ をうめよ。 [南山大]

☆ **4** 円 O に内接する四角形 ABCD において，BC $= 5$，CD $= 3$，$\angle$BCD $= 120°$ である。また，2つの対角線 BD と AC の交点 E は BD の中点であるとする。このとき，BD $= \boxed{(1)}$，円 O の半径は $\boxed{(2)}$，AB $= \boxed{(3)}$ である。$\boxed{\phantom{}}$ をうめよ。 [杏林大－改]

**5** 三角形 ABC の 3 つの角 $A$，$B$，$C$ の間に $\sin A = \sin B \cos C$ という関係が成り立つとき，この三角形はどのような三角形か。 [北星学園大－改]

---

**advice**

**2** 正弦定理より，$\sin A : \sin B : \sin C = a : b : c$ であるといえる。

**4** (3) BE $=$ DE より，$\triangle$ABC と $\triangle$ADC の面積が等しいことを利用する。

**5** 正弦定理，余弦定理を用いて，辺 $a$，$b$，$c$ の関係式になおす。

# 26 | 平面図形への応用 ①

## ☑ 基礎Check

**1** 次のような △ABC の面積を求めよ。

(1) $a=4$, $c=7$, $B=45°$

(2) $a=4$, $b=5$, $c=6$

**2** △ABC において，$a=8$, $b=5$, $c=7$, 辺 BC の中点を M とするとき，AM の長さを求めよ。

☆ **1** △ABC において，AB $=5$, BC $=6$, CA $=3$ とする。次の問いに答えよ。　　　[大同大]

(1) $\cos A$ の値を求めよ。

(2) △ABC の面積を求めよ。

(3) A から辺 BC に下ろした垂線の足を H とするとき，AH の長さを求めよ。

☆ **2** △ABC において，AB＝3，BC＝7，CA＝5 とする。次の問いに答えよ。　　[北星学園大]

(1) ∠A の大きさを求めよ。

(2) 外接円の半径を求めよ。

(3) ∠A の二等分線と BC との交点を D とするとき，AD の長さを求めよ。

**3** $a$ を正の実数とする。　　[学習院大]

(1) 3 辺の長さが $a$，$a+2$，$2a+1$ である三角形が存在するような $a$ の範囲を求めよ。

(2) 3 辺の長さが $a$，$a+2$，$2a+1$ である三角形が存在し，それが鋭角三角形であるような $a$ の範囲を求めよ。

**advice**

**1** (3) △ABC の面積 $= \dfrac{1}{2} \cdot BC \cdot AH$ であることから求める。

**2** (3) △ABD＋△ACD＝△ABC であることを利用する。

**3** (1) (最大の辺)＜(他の2辺の和) となればよい。

# 27 ｜ 平面図形への応用 ②

### ☑ 基礎Check

**1** 円に内接する四角形 ABCD において，AB ＝ 7，BC ＝ 8，AD ＝ 7，∠ABC ＝ 120° とするとき，次の長さを求めよ。

(1) AC

(2) CD

☆ **1** 円に内接する四角形 ABCD において，AB ＝ 1，BC ＝ 2，CD ＝ 3，DA ＝ 4 とするとき，次のものを求めよ。

[関西学院大]

(1) $\cos A$ の値

(2) BD の長さ

(3) 四角形 ABCD の面積

☆ **2** 半径 $R$ の円に内接する四角形 ABCD において AB $= 1 + \sqrt{3}$，BC $=$ CD $= 2$，$\angle$ABC $= 60°$ であるとき，$\angle$ADC の大きさは $\angle$ADC $=$ (1) であり，AC，AD，$R$ の長さはそれぞれ AC $=$ (2) ，AD $=$ (3) ，$R =$ (4) である。また，四角形 ABCD の面積は (5) である。さらに，$\theta = \angle$DAB とするとき，$\sin\theta =$ (6) であり，BD の長さは BD $=$ (7) である。

[慶應義塾大]

**3** 次の問いに答えよ。

[武蔵大－改]

(1) 半径 1 の円に内接する正十二角形の面積を求めよ。

(2) 半径 1 の円に内接する正二十四角形の面積を求めよ。

**4** 円に内接する四角形 ABCD において，AB $= 3$，BC $= 2$，CD $= 2$，DA $= 4$ とし，対角線 AC と BD の交点を P とおく。△APD の面積は四角形 ABCD の面積の何倍か。

[日本大]

---

**advice**

**1** (1)・(2)$\angle$A $= \theta$ とし，△ABD，△CBD に余弦定理を用いて，BD$^2$ を 2 通りに表す。

**3** (2)$\sin 15°$ の値を求めればよい。

**4** $\sin A = \sin C$ であることから，△ABD : △CBD $=$ (AB $\times$ AD) : (CB $\times$ CD)

# 28 | 空間図形への応用

### ☑ 基礎Check

**1** 右の図のような直方体 ABCD-EFGH がある。次の問いに答えよ。

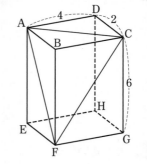

(1) $\cos\angle\mathrm{AFC}$ の値を求めよ。

(2) △AFC の面積を求めよ。

(3) B から △AFC に下ろした垂線の長さを求めよ。

**1** 右の図のような直方体 ABCD-EFGH がある。点 B から △AFC に垂線 BP を下ろすとき，BP の長さを求めよ。

[芝浦工業大－改]

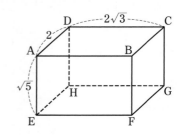

**★ 2** 1辺の長さが1の正四面体 ABCD において，辺 BC 上の点 P と辺 AD 上の点 Q が，

$\mathrm{CP}=\mathrm{AQ}=\dfrac{1}{3}$ を満たすとき，$\cos\angle\mathrm{BQP}$ の値を求めよ。

[法政大－改]

☆ **3** $AB = 2$, $AC = 3$, $AD = 4$ で，$\angle BAC = \angle CAD = \angle DAB = 60°$ となっている四面体 ABCD について考える。$\cos\angle ABC = \boxed{(1)}$ となり，$\triangle BCD$ の面積は $\boxed{(2)}$ となる。この四面体は頂点を A とし 1 辺 4 の正四面体を面 BCD で切り取ったものと考えられるので四面体 ABCD の体積は $\boxed{(3)}$ となる。A から $\triangle BCD$ に下ろした垂線の長さは $\boxed{(4)}$ となる。$\boxed{\phantom{xx}}$ をうめよ。

[順天堂大]

**4** 一辺の長さが 6 の正四面体 ABCD があり，辺 BC の中点を M とする。$\boxed{\phantom{xx}}$ をうめよ。

[佛教大]

(1) $\triangle BCD$ の外接円の半径は $\boxed{①}$ である。また，正四面体 ABCD の $\triangle BCD$ を底面と見たときの高さは $\boxed{②}$ であり，体積は $\boxed{③}$ である。

(2) 辺 AC 上に点 P をとるとき，MP + PD の最小値は $\boxed{①}$ である。MP + PD が最小値をとるとき，$CP = \boxed{②}$ であり，四面体 PMCD の体積は $\boxed{③}$ である。

**5** 1 辺の長さが 1 の正四面体 ABCD の体積は $\boxed{(1)}$ であり，同じ正四面体に内接する球 $O_1$ の半径は $\boxed{(2)}$，外接する球 $O_2$ の半径は $\boxed{(3)}$ である。したがって，球 $O_2$ の体積は球 $O_1$ の体積の $\boxed{(4)}$ 倍である。

[中部大 – 改]

**advice**

**1** 三角錐 B-AFC の体積 $= \dfrac{1}{3} \times \triangle AFC \times BP$ より求める。

**4** (2)展開図において，M，P，D が一直線に並ぶとき，MP + PD が最小になる。

**5** 空間図形は，対称面の切り口を考える。

# データの散らばりの大きさ

月　　日

解答 ▶ 別冊p.42

## ☑ 基礎Check

**❶** 次のデータは，ある少人数クラスの 10 人の 10 点満点の小テストの結果である。次の問いに答えよ。なお，データの第 1 四分位数を $Q_1$，第 3 四分位数を $Q_3$ とし，$Q_1 - 1.5 \times (Q_3 - Q_1)$ 以下の値，または，$Q_3 + 1.5 \times (Q_3 - Q_1)$ 以上の値に当てはまるデータを外れ値とする。

$$2\ \ 6\ \ 6\ \ 6\ \ 8\ \ 8\ \ 8\ \ 8\ \ 9\ \ 9\ \ （点）$$

(1) 平均値を求めよ。

(2) 分散を求めよ。

(3) 標準偏差を求めよ。

(4) 外れ値を求めよ。

☆**❶** 右の表は，100 人の生徒を 2 つのクラス X，Y に分けて行った試験の結果である。100 人全員の点数について平均点が 60 点，分散が 87 であるとき，X クラスの平均点 $\overline{x}$ の値を求めよ。ただし，$\overline{x} < \overline{y}$ である。　　　[福島県立医科大]

| クラス | 人数 | 平均点 | 分散 |
|---|---|---|---|
| X | 60 | $\overline{x}$ | 83 |
| Y | 40 | $\overline{y}$ | 78 |

**2** 変量 $x$ のデータが次のように与えられている。いま，$y = \dfrac{x-50}{3}$ として新たな変量 $y$ をつくるとき，変量 $y$ の分散は □ であり，変量 $x$ の分散は □ である。□ にあてはまる数をそれぞれ求めよ。

[同志社女子大]

$$38, \quad 47, \quad 50, \quad 56, \quad 59$$

**3** 3つの実数からなるデータ $x$, $y$, $z$ の平均値と分散がともに 1 である。次の問いの □ にあてはまる数をそれぞれ求めよ。

[明治薬科大]

(1) $x + y + z =$ □，$x^2 + y^2 + z^2 =$ □ である。

(2) $X = x - 1$，$Y = y - 1$，$Z = z - 1$ とおくと，データ $X$, $Y$, $Z$ の平均値は □，分散は □ である。また，$Y = Z$ のとき $X =$ □ である。

☆ **4** 次のデータは，ある年の乗用車の新車登録台数を月別にまとめ，値の小さい順に並べたものである。このデータに外れ値はないものとする。$x$ にあてはまる値をすべて求めよ。なお，{(第1四分位数)$-1.5 \times$(四分位範囲)} 以下の値，または，{(第3四分位数)$+1.5 \times$(四分位範囲)} 以上の値を外れ値とする。

$$15 \quad 20 \quad 24 \quad 28 \quad 29 \quad 31 \quad 32 \quad 32 \quad 32 \quad x \quad 39 \quad 43 \quad \text{(台)}$$

**advice**

**1** X クラス，Y クラス，100人の生徒の点数の分散について，(分散)＝(2乗の平均)－(平均の2乗) を用いてそれぞれ式を立てる。

**4** 第3四分位数，四分位範囲，外れ値の範囲を順に，$x$ を用いて表していく。

# データの相関と仮説検定の考え方

## ☑ 基礎Check

**1** 右の表は，5 人の生徒 A ～ E の国語の小テストと
数学の小テストの得点である。次の問いに答えよ。

| 生徒 | A | B | C | D | E |
|---|---|---|---|---|---|
| 国語 | 7 | 5 | 9 | 6 | 3 |
| 数学 | 7 | 8 | 4 | 6 | 10 |

(1) 国語の小テストの標準偏差と数学の小テストの標
準偏差をそれぞれ求めよ。

(2) 共分散を求めよ。

(3) 国語の小テストと数学の小テストの得点にはどのような相関があると考えられるか。相関係
数を計算して答えよ。

**1** 生徒 10 人に，10 点満点で 2 つのテスト A，B を行った結
果，表のようになった。テスト A，テスト B の相関係数
を求め，どのような相関があるといえるか答えよ。ここで，
値は小数第一位まで求め，必要なら $\sqrt{15} = 3.87$ とする。

[名古屋女子大 − 改]

| | テスト A | テスト B |
|---|---|---|
| 生徒 1 | 5 | 8 |
| 生徒 2 | 10 | 3 |
| 生徒 3 | 7 | 5 |
| 生徒 4 | 4 | 10 |
| 生徒 5 | 9 | 3 |
| 生徒 6 | 7 | 5 |
| 生徒 7 | 5 | 7 |
| 生徒 8 | 6 | 9 |
| 生徒 9 | 10 | 4 |
| 生徒 10 | 7 | 6 |

☆ **2** 企業 M が製造するお菓子 N の認知度は $\frac{2}{3}$ であった。企業 M がお菓子 N の CM を流したところ，認知度が変化したのではないかと考え，アンケート調査を行うことにした。20 人に対しアンケートをとったところ，16 人がお菓子 N を知っていると回答した。この結果から，お菓子 N の認知度は上昇したと判断してよいかを，仮説検定を用いて調べる。基準となる確率を 0.05 として，次の問いに答えよ。

(1) 正しいかどうか判断したい仮説①と，それに反する仮説②として正しい組み合わせを，次の**ア〜ウ**から 1 つ選べ。

**ア** 仮説①：お菓子 N の認知度は上昇した。

仮説②：「お菓子 N を知っている」と回答する場合と「お菓子 N を知らない」と回答する場合が，半々の確率で起こる。

**イ** 仮説①：お菓子 N の認知度は上昇した。

仮説②：お菓子 N の認知度は上昇したとはいえず，「お菓子 N を知っている」と回答する確率は $\frac{2}{3}$ である。

**ウ** 仮説①：$20 \times \frac{2}{3} = 13\frac{1}{3}$ より，20 人に対しアンケートをとると，14 人がお菓子 N を知っていると回答する。

仮説②：$20 \times \frac{2}{3} = 13\frac{1}{3}$ より，20 人に対しアンケートをとると，13 人がお菓子 N を知っていると回答する。

(2) 次の**ア〜ウ**のうち，仮説検定を用いて主張が正しいかどうかを判断するために用いるとよい実験とその結果はどれか。

**ア** 正二十面体のさいころ 1 個を 20 回投げて，13 の目が出た回数を記録する実験を行う。結果は，1 回であった。

**イ** 公正なコイン 20 枚を同時に投げて，表が出た枚数を記録する実験を 200 回行う。

| 表の枚数 | 4 | 5 | 6 | 7 | 8 | 9 | 10 | 11 | 12 | 13 | 14 | 15 | 16 | 17 | 計 |
|---|---|---|---|---|---|---|---|---|---|---|---|---|---|---|---|
| 度数 | 1 | 1 | 3 | 8 | 16 | 23 | 33 | 38 | 31 | 26 | 11 | 6 | 2 | 1 | 200 |

**ウ** 公正なさいころ 20 個を同時に投げて，1 から 4 までのいずれかの目が出た個数を記録する実験を 200 回行う。

| 1〜4 の個数 | 6 | 7 | 8 | 9 | 10 | 11 | 12 | 13 | 14 | 15 | 16 | 17 | 18 | 計 |
|---|---|---|---|---|---|---|---|---|---|---|---|---|---|---|
| 度数 | 1 | 5 | 10 | 14 | 24 | 26 | 40 | 33 | 19 | 16 | 8 | 3 | 1 | 200 |

(3) 仮説検定を用いて調べた結論として正しいものを，次の**ア〜エ**から 1 つ選べ。

**ア** 仮説②は否定できず，仮説①が正しいとは判断できない。

**イ** 仮説②は否定できず，仮説①は正しくない。

**ウ** 仮説②は正しくなかったと考えられ，仮説①が正しいと判断できる。

**エ** 仮説②は正しくなかったと考えられ，仮説①は正しくない。

**advice**

**2** (1)主張したいことは，認知度に変化があった，つまり「差が生じた」という内容なので，主張に反する仮説は「差が生じなかった」ことになる。

編集協力　エディット
装丁デザイン　ブックデザイン研究所
本文デザイン　A.S.T DESIGN
　図　版　デザインスタジオエキス.

**大学入試 ステップアップ 数学Ⅰ【標準】**

| | | | |
|---|---|---|---|
| 編 著 者 | 大学入試問題研究会 | 発 行 所 | 受験研究社 |
| 発 行 者 | 岡 本 泰 治 | | |
| 印 刷 所 | 岩 岡 印 刷 | | © 株式会社 増進堂・受験研究社 |

〒 550-0013 大阪市西区新町2丁目19番15号

注文・不良品などについて：(06)6532-1581（代表）／本の内容について：(06)6532-1586（編集）

注意 本書を無断で複写・複製（電子化を含む）
　　 して使用すると著作権法違反となります。

Printed in Japan　髙廣製本
落丁・乱丁本はお取り替えします。

大学入試 ステップ アップ
# STEP UP↗

Standard
標準

# 数学 I

## 解答・解説

## 第1章 数と式

## 01 多項式の加法・減法・乗法 (pp.4〜5)

**☑ 基礎Check**

**1** (1) $3x^2+2x-8$　(2) $-11x^2-6x+20$

**2** (1) $a^2-b^2-2bc-c^2$

　(2) $9a^3-6a^2b+18ab^2+7b^3$

**解説**

**1** (1) $A-B=x^2+x-5-(-2x^2-x+3)$

　$=x^2+x-5+2x^2+x-3=3x^2+2x-8$

(2) $2A-\{B+3(A-2B)\}=2A-(3A-5B)$

　$=2A-3A+5B=-A+5B$

　$=-(x^2+x-5)+5(-2x^2-x+3)$

　$=-x^2-x+5-10x^2-5x+15$

　$=-11x^2-6x+20$

**2** (1) $(a+b+c)(a-b-c)$

　$=\{a+(b+c)\}\{a-(b+c)\}=a^2-(b+c)^2$

　$=a^2-b^2-2bc-c^2$

(2) $(a+2b)^3+(2a-b)^3$

　$=a^3+6a^2b+12ab^2+8b^3$

　$\quad+(8a^3-12a^2b+6ab^2-b^3)$

　$=9a^3-6a^2b+18ab^2+7b^3$

**Point**

3次式の展開の公式

$(a+b)^3=a^3+3a^2b+3ab^2+b^3$

$(a-b)^3=a^3-3a^2b+3ab^2-b^3$

**1** $7x^2-2x-11$

**解説**

$A-B=5x^2+2x-3-(-2x^2+4x+8)$

$=5x^2+2x-3+2x^2-4x-8=7x^2-2x-11$

**2** (1) $a^2+4b^2+c^2+4ab-4bc-2ca$

　(2) $x^4-5x^2+4$　(3) $16x^3+108xy^2$

　(4) $x^4+2x^3-13x^2-14x+24$

**解説**

(1) $(a+2b-c)^2=\{(a+2b)-c\}^2$

　$=(a+2b)^2-2c(a+2b)+c^2$

　$=a^2+4b^2+c^2+4ab-4bc-2ca$

(2) $(x^2+3x+2)(x^2-3x+2)$

　$=\{(x^2+2)+3x\}\{(x^2+2)-3x\}=(x^2+2)^2-9x^2$

　$=x^4+4x^2+4-9x^2=x^4-5x^2+4$

(3) $(2x+3y)^3+(2x-3y)^3$

　$=8x^3+36x^2y+54xy^2+27y^3$

　$\quad+8x^3-36x^2y+54xy^2-27y^3$

　$=16x^3+108xy^2$

(4) $(x-1)(x+2)(x-3)(x+4)$

　$=(x^2+x-2)(x^2+x-12)$

　$=(x^2+x)^2-14(x^2+x)+24$

　$=x^4+2x^3-13x^2-14x+24$

**3** (1) $x^2y^2-x^2-y^2+1$

　(2) $-x^4-16y^4-81z^4+8x^2y^2+72y^2z^2$

$\qquad\qquad\qquad\qquad+18z^2x^2$

**解説**

(1) $(1+x-y-xy)(1-x+y-xy)$

　$=\{(1-xy)+(x-y)\}\{(1-xy)-(x-y)\}$

　$=(1-xy)^2-(x-y)^2$

　$=1-2xy+x^2y^2-(x^2-2xy+y^2)$

　$=x^2y^2-x^2-y^2+1$

(2) $2y+3z=A$, $2y-3z=B$ とおくと,

　$(x+2y+3z)(-x+2y+3z)(x-2y+3z)(x+2y-3z)$

　$=\{x+(2y+3z)\}\{-x+(2y+3z)\}\{x-(2y-3z)\}$

$\qquad\qquad\qquad\qquad\qquad\{x+(2y-3z)\}$

　$=(x+A)(-x+A)(x-B)(x+B)$

　$=-\{(x+A)(x-A)\}\{(x-B)(x+B)\}$

　$=-(x^2-A^2)(x^2-B^2)$

　$=-x^4+(A^2+B^2)x^2-(AB)^2$

ここで,

$A^2+B^2=(2y+3z)^2+(2y-3z)^2=8y^2+18z^2$

$AB=(2y+3z)(2y-3z)=4y^2-9z^2$ であるから,

$-x^4+(A^2+B^2)x^2-(AB)^2$

　$=-x^4+(8y^2+18z^2)x^2-(4y^2-9z^2)^2$

　$=-x^4-16y^4-81z^4+8x^2y^2+72y^2z^2+18z^2x^2$

**Point**

式の展開では，同じかたまりをくずさないように計算を進めることが大切である。

**4** $x^5$ の係数…1, $x^3$ の係数…$-2$

【解説】

$x^5$ の項が現れるのは，$x^3 \cdot (-5x^2) = -5x^5$，

$2x^2 \cdot 3x^3 = 6x^5$ の 2 つだから，$x^5$ の係数は，

$(-5) + 6 = 1$

$x^3$ の項が現れるのは，$x^3 \cdot (-8) = -8x^3$，

$2x^2 \cdot (-2x) = -4x^3$，$x \cdot (-5x^2) = -5x^3$，

$5 \cdot 3x^3 = 15x^3$ の 4 つだから，$x^3$ の係数は，

$(-8) + (-4) + (-5) + 15 = -2$

> **Point**
> 係数を求める問題では，式全体を展開する必要
> はない。

**5** 20

【解説】

$(x^4 + 2x^3 + 3x^2 + 4x + 5)^2$

$= (x^4 + 2x^3 + 3x^2 + 4x + 5)(x^4 + 2x^3 + 3x^2 + 4x + 5)$

において，$x^5$ の項が現れるのは，

$x^4 \cdot 4x = 4x^5$，$2x^3 \cdot 3x^2 = 6x^5$，$3x^2 \cdot 2x^3 = 6x^5$，

$4x \cdot x^4 = 4x^5$ の 4 つだから，係数は，

$4 + 6 + 6 + 4 = 20$

**6** 7

【解説】

$a^4 b^3$ の項が現れるのは，

$4a^2 b \cdot 3a^2 b^2 = 12 a^4 b^3$，$(-ab^2) \cdot 2a^3 b = -2a^4 b^3$，

$3b^3 \cdot (-a^4) = -3a^4 b^3$ の 3 つだから，係数は，

$12 + (-2) + (-3) = 7$

## 02 因数分解

(pp.6〜7)

> ☑ 基礎Check

**1** (1) $(x - y + 3)(x - y - 2)$

    (2) $(y - z)(xy + xz + yz)$

**2** (1) $(2x + 3)(3x - 5)$

    (2) $(x + 2y + 3)(x + y - 1)$

【解説】

**1** (1) $x - y = A$ とおくと，

$(x - y - 1)(x - y + 2) - 4 = (A - 1)(A + 2) - 4$

$= A^2 + A - 6 = (A + 3)(A - 2)$

$= (x - y + 3)(x - y - 2)$

(2) $xy^2 + y^2 z - yz^2 - xz^2 = x(y^2 - z^2) + yz(y - z)$

$= x(y + z)(y - z) + yz(y - z)$

$= (y - z)\{x(y + z) + yz\}$

$= (y - z)(xy + xz + yz)$

**2** (1) たすき掛けを利用して，

$6x^2 - x - 15 = (2x + 3)(3x - 5)$

$$
\begin{array}{ccc}
2 & \diagdown & 3 \longrightarrow 9 \\
3 & \diagup & -5 \longrightarrow -10 \\
\hline
6 & -15 & -1
\end{array}
$$

(2) $x^2 + 3xy + 2y^2 + 2x + y - 3$

$= x^2 + (3y + 2)x + 2y^2 + y - 3$

$= x^2 + (3y + 2)x + (2y + 3)(y - 1)$

$x$ の係数が $2y + 3$ と $y - 1$ の和，定数項が $2y + 3$

と $y - 1$ の積になっていることから，

$= \{x + (2y + 3)\}\{x + (y - 1)\}$

$= (x + 2y + 3)(x + y - 1)$

> **1** (1) $(x - y + 1)(x - y + 2)$
>     (2) $(a + b)(c + d)(a - b)(c - d)$
>     (3) $(x - 2y + z)(x - 2y - z)$
>     (4) $(x + 1)(x + 3)(x^2 + 4x + 5)$
>     (5) $(x^2 + 3x - 5)(x^2 + 3x - 9)$
>     (6) $(x + 2)(x + 2y - 3)$

【解説】

(1) $x^2 - 2xy + y^2 + 3x - 3y + 2$

$= (x - y)^2 + 3(x - y) + 2 = (x - y + 1)(x - y + 2)$

(2) $(ac + bd)^2 - (ad + bc)^2$

$= \{(ac + bd) + (ad + bc)\}\{(ac + bd) - (ad + bc)\}$

$= (ac + bd + ad + bc)(ac + bd - ad - bc)$

$= \{a(c + d) + b(c + d)\}\{a(c - d) - b(c - d)\}$

$= (a + b)(c + d)(a - b)(c - d)$

(3) $x^2 + 4y^2 - z^2 - 4xy = x^2 - 4xy + 4y^2 - z^2$

$= (x - 2y)^2 - z^2 = (x - 2y + z)(x - 2y - z)$

(4) $(x^2 + 4x)^2 + 8x^2 + 32x + 15$

$= (x^2 + 4x)^2 + 8(x^2 + 4x) + 15$

$= (x^2 + 4x + 3)(x^2 + 4x + 5)$

$= (x + 1)(x + 3)(x^2 + 4x + 5)$

(5) $(x - 1)(x - 2)(x + 4)(x + 5) + 5$

$= \{(x - 1)(x + 4)\}\{(x - 2)(x + 5)\} + 5$

$= \{(x^2 + 3x) - 4\}\{(x^2 + 3x) - 10\} + 5$

$= (x^2 + 3x)^2 - 14(x^2 + 3x) + 45$

$= (x^2 + 3x - 5)(x^2 + 3x - 9)$

$(6)x^2+2xy-x+4y-6=(x^2-x-6)+(2xy+4y)$

$\quad =(x+2)(x-3)+2y(x+2)$

$\quad =(x+2)(x+2y-3)$

> **2** $(1)(x+5y-3)(4x+y+5)$
> $\quad (2)(3x-2y+1)(2x-y+3)$

**解説**

$x$ についての 2 次式に整理する。

$(1)4x^2+21xy+5y^2-7x+22y-15$

$\quad =4x^2+21xy-7x+5y^2+22y-15$

$\quad =4x^2+(21y-7)x+(5y-3)(y+5)$

$\quad =(x+5y-3)(4x+y+5)$

$$\begin{array}{ccc} 1 & \diagdown & 5y-3 \longrightarrow 20y-12 \\ 4 & \diagup & y+5 \longrightarrow \phantom{20}y+5 \\ \hline 4 & (5y-3)(y+5) & 21y-7 \end{array}$$

$(2)6x^2-7xy+2y^2+11x-7y+3$

$\quad =6x^2-7xy+11x+2y^2-7y+3$

$\quad =6x^2+(-7y+11)x+(2y-1)(y-3)$

$\quad =(3x-2y+1)(2x-y+3)$

$$\begin{array}{ccc} 3 & \diagdown & -(2y-1) \longrightarrow -4y+2 \\ 2 & \diagup & -(y-3) \longrightarrow -3y+9 \\ \hline 6 & (2y-1)(y-3) & -7y+11 \end{array}$$

> **3** $(b-c)(a+b)(a-2c)$

**解説**

$a$ についての 2 次式に整理する。

$ab(a+b)-2bc(b-c)+ca(2c-a)-3abc$

$\quad =a^2b+ab^2-2bc(b-c)+2ac^2-a^2c-3abc$

$\quad =(b-c)a^2+(b^2-3bc+2c^2)a-2bc(b-c)$

$\quad =(b-c)a^2+(b-c)(b-2c)a-2bc(b-c)$

$\quad =(b-c)\{a^2+(b-2c)a-2bc\}$

$\quad =(b-c)(a+b)(a-2c)$

> **Point**
> 3 文字を含む式の因数分解では，1 つの文字について整理し，共通因数を見つける。

> **4** $(x+y+z)(xy+yz+zx)$

**解説**

$x^2y+y^2z+z^2x+xy^2+yz^2+zx^2+3xyz$

$=(x^2y+xy^2+xyz)+(y^2z+yz^2+xyz)$

$\quad +(zx^2+z^2x+xyz)$

$=xy(x+y+z)+yz(x+y+z)+zx(x+y+z)$

$=(x+y+z)(xy+yz+zx)$

> **5** $(1)(2x^2+3x+4)(2x^2-3x+4)$
> $\quad (2)-3(x-y)(z-y)(x-2y+z)$

**解説**

$(1)4x^4+7x^2+16=(4x^4+16x^2+16)-9x^2$

$\quad =(2x^2+4)^2-(3x)^2$

$\quad =\{(2x^2+4)+3x\}\{(2x^2+4)-3x\}$

$\quad =(2x^2+3x+4)(2x^2-3x+4)$

$(2)x-y=a,\ z-y=b$ とおくと，

$(x-y)^3+(z-y)^3-(x-2y+z)^3$

$\quad =a^3+b^3-(a+b)^3$

$\quad =a^3+b^3-(a^3+3a^2b+3ab^2+b^3)$

$\quad =-3ab(a+b)$

$\quad =-3(x-y)(z-y)(x-2y+z)$

# 03 根号を含む式の計算 ① (pp.8〜9)

> **☑ 基礎Check**
>
> **1** $(1)2\sqrt{5}-2\sqrt{3}$ $\quad (2)\dfrac{\sqrt{2}+2-\sqrt{6}}{4}$
>
> **2** $(1)\sqrt{5}+\sqrt{2}$ $\quad (2)\dfrac{\sqrt{14}-\sqrt{6}}{2}$

**解説**

**1** $(1)\dfrac{4}{\sqrt{5}+\sqrt{3}}=\dfrac{4(\sqrt{5}-\sqrt{3})}{(\sqrt{5}+\sqrt{3})(\sqrt{5}-\sqrt{3})}$

$\quad =\dfrac{4(\sqrt{5}-\sqrt{3})}{2}=2\sqrt{5}-2\sqrt{3}$

$(2)\dfrac{1}{1+\sqrt{2}+\sqrt{3}}$

$\quad =\dfrac{1+\sqrt{2}-\sqrt{3}}{(1+\sqrt{2}+\sqrt{3})(1+\sqrt{2}-\sqrt{3})}$

$\quad =\dfrac{1+\sqrt{2}-\sqrt{3}}{(1+\sqrt{2})^2-(\sqrt{3})^2}=\dfrac{1+\sqrt{2}-\sqrt{3}}{2\sqrt{2}}$

$\quad =\dfrac{\sqrt{2}+2-\sqrt{6}}{4}$

**2** $(1)5+2=7,\ 5\times2=10$ だから，

$\quad \sqrt{7+2\sqrt{10}}=\sqrt{5}+\sqrt{2}$

$(2)\sqrt{5-\sqrt{21}}=\sqrt{\dfrac{10-2\sqrt{21}}{2}}=\dfrac{\sqrt{10-2\sqrt{21}}}{\sqrt{2}}$

ここで，$7+3=10,\ 7\times3=21$ だから，

$\quad =\dfrac{\sqrt{7}-\sqrt{3}}{\sqrt{2}}=\dfrac{\sqrt{14}-\sqrt{6}}{2}$

二重根号

$a>0$, $b>0$ のとき

$\sqrt{a+b+2\sqrt{ab}} = \sqrt{a} + \sqrt{b}$

$\sqrt{a+b-2\sqrt{ab}} = \sqrt{a} - \sqrt{b}$　（ただし，$a>b$）

---

**1**　(1) $2\sqrt{3}+3$　(2) $7-2\sqrt{3}$

**解説**

(1) $\dfrac{\sqrt{3}}{2-\sqrt{3}} = \dfrac{\sqrt{3}(2+\sqrt{3})}{(2-\sqrt{3})(2+\sqrt{3})} = 2\sqrt{3}+3$

(2) 分母を有理化する前に，$\sqrt{2}$ で約分しておく。

$\dfrac{5\sqrt{6}+\sqrt{2}}{\sqrt{6}+\sqrt{2}} = \dfrac{5\sqrt{3}+1}{\sqrt{3}+1} = \dfrac{(5\sqrt{3}+1)(\sqrt{3}-1)}{(\sqrt{3}+1)(\sqrt{3}-1)}$

$= \dfrac{14-4\sqrt{3}}{2} = 7-2\sqrt{3}$

---

**2**　(1) 1　(2) 7

**解説**

(1) $\dfrac{1}{\sqrt{2}+1} = \dfrac{\sqrt{2}-1}{(\sqrt{2}+1)(\sqrt{2}-1)} = \sqrt{2}-1$

$\dfrac{1}{\sqrt{3}+\sqrt{2}} = \dfrac{\sqrt{3}-\sqrt{2}}{(\sqrt{3}+\sqrt{2})(\sqrt{3}-\sqrt{2})} = \sqrt{3}-\sqrt{2}$

$\dfrac{1}{\sqrt{4}+\sqrt{3}} = \dfrac{2-\sqrt{3}}{(2+\sqrt{3})(2-\sqrt{3})} = 2-\sqrt{3}$

より，

(与式) $= (\sqrt{2}-1)+(\sqrt{3}-\sqrt{2})+(2-\sqrt{3}) = 1$

(2) $\dfrac{2-\sqrt{3}}{2+\sqrt{3}} + \dfrac{2+\sqrt{3}}{2-\sqrt{3}} = \dfrac{(2-\sqrt{3})^2+(2+\sqrt{3})^2}{(2+\sqrt{3})(2-\sqrt{3})}$

$= 7-4\sqrt{3}+7+4\sqrt{3} = 14$

であるから，

(与式) $= \dfrac{1}{2} \times 14 = 7$

---

**3**　(1) $\dfrac{\sqrt{2}}{2}$　(2) 2

**解説**

(1) $\sqrt{x} = \sqrt{3+2\sqrt{2}} = \sqrt{2}+1$,

$\sqrt{y} = \sqrt{3-2\sqrt{2}} = \sqrt{2}-1$

であるから，

$\dfrac{\sqrt{x}-\sqrt{y}}{\sqrt{x}+\sqrt{y}} = \dfrac{(\sqrt{2}+1)-(\sqrt{2}-1)}{(\sqrt{2}+1)+(\sqrt{2}-1)} = \dfrac{2}{2\sqrt{2}} = \dfrac{\sqrt{2}}{2}$

---

$x+y = (3+2\sqrt{2})+(3-2\sqrt{2}) = 6$

$x-y = (3+2\sqrt{2})-(3-2\sqrt{2}) = 4\sqrt{2}$

$xy = (3+2\sqrt{2})(3-2\sqrt{2}) = 9-8 = 1$

であるから，

$\dfrac{\sqrt{x}-\sqrt{y}}{\sqrt{x}+\sqrt{y}} = \dfrac{(\sqrt{x}-\sqrt{y})(\sqrt{x}+\sqrt{y})}{(\sqrt{x}+\sqrt{y})^2}$

$= \dfrac{x-y}{x+y+2\sqrt{xy}} = \dfrac{4\sqrt{2}}{6+2} = \dfrac{\sqrt{2}}{2}$

(2) $\dfrac{4\sqrt{3}}{\sqrt{2}+\sqrt{3}-\sqrt{5}}$

$= \dfrac{4\sqrt{3}(\sqrt{2}+\sqrt{3}+\sqrt{5})}{(\sqrt{2}+\sqrt{3}-\sqrt{5})(\sqrt{2}+\sqrt{3}+\sqrt{5})}$

$= \dfrac{4\sqrt{3}(\sqrt{2}+\sqrt{3}+\sqrt{5})}{2\sqrt{6}} = \sqrt{2}(\sqrt{2}+\sqrt{3}+\sqrt{5})$

$= 2+\sqrt{6}+\sqrt{10}$

$2\sqrt{4+\sqrt{15}} = \sqrt{16+2\sqrt{60}} = \sqrt{10}+\sqrt{6}$

であるから，

(与式) $= 2+\sqrt{6}+\sqrt{10}-(\sqrt{10}+\sqrt{6}) = 2$

---

**4**　59

**解説**

$\sqrt{3}+\sqrt{5} = a$, $\sqrt{3}-\sqrt{5} = b$ とおくと，

(与式) $= (a+\sqrt{7})(a-\sqrt{7})(\sqrt{7}+b)(\sqrt{7}-b)$

$= (a^2-7)(7-b^2) = (8+2\sqrt{15}-7)\{7-(8-2\sqrt{15})\}$

$= (2\sqrt{15}+1)(2\sqrt{15}-1) = 60-1 = 59$

---

**5**　$1-\sqrt{3}$

**解説**

$1+\sqrt{3} = a$ とおくと，$\sqrt{2}+\sqrt{6} = \sqrt{2}a$ だから，

(与式) $= \dfrac{1}{a+\sqrt{2}a} + \dfrac{1}{a-\sqrt{2}a}$

$= \dfrac{2a}{(a+\sqrt{2}a)(a-\sqrt{2}a)} = \dfrac{2a}{a^2-2a^2}$

$= \dfrac{2a}{-a^2} = -\dfrac{2}{a} = -\dfrac{2}{1+\sqrt{3}} = 1-\sqrt{3}$

---

複雑な式の計算では，おきかえにより式を簡単
にしてから計算する。

**6** $\dfrac{\sqrt{3}-1}{2}$

**解説**

$$\dfrac{1}{\sqrt{3+\sqrt{13+\sqrt{48}}}} = \dfrac{1}{\sqrt{3+\sqrt{13+2\sqrt{12}}}}$$

$$= \dfrac{1}{\sqrt{3+\sqrt{12}+\sqrt{1}}} = \dfrac{1}{\sqrt{4+2\sqrt{3}}}$$

$$= \dfrac{1}{\sqrt{3}+1} = \dfrac{\sqrt{3}-1}{2}$$

# 04 根号を含む式の計算 ② (pp.10〜11)

**☑ 基礎Check**

**1** (1) 3 (2) 4

**2** $2a$

**解説**

**1** (1) $x+y = \dfrac{1+\sqrt{5}}{2} + \dfrac{1-\sqrt{5}}{2} = 1$,

$$xy = \dfrac{(1+\sqrt{5})(1-\sqrt{5})}{4} = -1$$

であるから,

$$x^2+y^2 = (x+y)^2 - 2xy = 1^2 - 2\times(-1) = 3$$

(2) $x^3+y^3 = (x+y)^3 - 3xy(x+y)$

$$= 1^3 - 3\times(-1)\times 1 = 4$$

**2** $\sqrt{(a+1)^2} - \sqrt{(a-1)^2} = |a+1| - |a-1|$

$-1 < a < 1$ のとき, $a+1 > 0$, $a-1 < 0$

したがって, (与式) $= (a+1) - (1-a) = 2a$

**Point**

**$x$, $y$ についての対称式**

基本対称式 $x+y$, $xy$ で表すことを考える。

**平方根の性質**

$$\sqrt{A^2} = |A| = \begin{cases} A & (A \geqq 0 \text{ のとき}) \\ -A & (A < 0 \text{ のとき}) \end{cases}$$

**1** (1) 16 (2) 4 (3) 248

**解説**

(1) $p+q = 8+2\sqrt{15} + 8-2\sqrt{15} = 16$

(2) $pq = \{(\sqrt{3}+\sqrt{5})(\sqrt{3}-\sqrt{5})\}^2 = (-2)^2 = 4$

(3) $p^2+q^2 = (p+q)^2 - 2pq = 16^2 - 2\times 4 = 248$

**2** 18

**解説**

$$x+y = \dfrac{\sqrt{5}-1}{\sqrt{5}+1} + \dfrac{\sqrt{5}+1}{\sqrt{5}-1}$$

$$= \dfrac{(\sqrt{5}-1)^2 + (\sqrt{5}+1)^2}{(\sqrt{5}+1)(\sqrt{5}-1)} = \dfrac{12}{4} = 3$$

$$xy = 1$$

であるから,

$$x^3+y^3 = (x+y)^3 - 3xy(x+y) = 3^3 - 3\times 1\times 3 = 18$$

**3** (1) $-4$ (2) $-52$

**解説**

(1) $x+y = \dfrac{1-\sqrt{3}}{1+\sqrt{3}} + \dfrac{1+\sqrt{3}}{1-\sqrt{3}}$

$$= \dfrac{(1-\sqrt{3})^2 + (1+\sqrt{3})^2}{(1+\sqrt{3})(1-\sqrt{3})} = \dfrac{8}{-2} = -4$$

$$xy = 1$$

であるから,

$$x^2y+xy^2 = xy(x+y) = 1\times(-4) = -4$$

(2) $\dfrac{y^2}{x} + \dfrac{x^2}{y} = \dfrac{y^3+x^3}{xy} = x^3+y^3 = (x+y)^3 - 3xy(x+y)$

$$= (-4)^3 - 3\times 1\times(-4) = -52$$

**4** $20\sqrt{3}$

**解説**

分母を有理化すると,

$x = \sqrt{3}+\sqrt{2}$, $y = \sqrt{3}-\sqrt{2}$ だから,

$x+y = 2\sqrt{3}$, $xy = 1$

$x^3+x^2y+xy^2+y^3 = x^2(x+y) + y^2(x+y)$

$$= (x+y)(x^2+y^2) = (x+y)\{(x+y)^2 - 2xy\}$$

$$= 2\sqrt{3}\{(2\sqrt{3})^2 - 2\times 1\} = 2\sqrt{3}\times 10 = 20\sqrt{3}$$

**5** $a \geqq 3$ のとき…$2a-4$

  $1 \leqq a < 3$ のとき…$2$

  $a < 1$ のとき…$-2a+4$

**解説**

(i) $a \geqq 3$ のとき, $a-1 \geqq 0$, $a-3 \geqq 0$ より,

$$\sqrt{(a-1)^2} + \sqrt{(a-3)^2} = (a-1) + (a-3) = 2a-4$$

(ii) $1 \leqq a < 3$ のとき, $a-1 \geqq 0$, $a-3 < 0$ より,

$$\sqrt{(a-1)^2} + \sqrt{(a-3)^2} = (a-1) + (3-a) = 2$$

(iii) $a < 1$ のとき, $a-1 < 0$, $a-3 < 0$ より,

$$\sqrt{(a-1)^2} + \sqrt{(a-3)^2} = (1-a) + (3-a) = -2a+4$$

## 6 1

**解説**

$x = \dfrac{1+a^2}{2a}$ のとき,

$$x+1 = \dfrac{1+a^2+2a}{2a} = \dfrac{(a+1)^2}{2a}$$

$$x-1 = \dfrac{1+a^2-2a}{2a} = \dfrac{(a-1)^2}{2a}$$

$a \geqq 1$ のとき,$a+1$,$a-1$,$2a$ はすべて 0 以上であるから,

$$（与式）= a \times \dfrac{\dfrac{a+1}{\sqrt{2a}} - \dfrac{a-1}{\sqrt{2a}}}{\dfrac{a+1}{\sqrt{2a}} + \dfrac{a-1}{\sqrt{2a}}} = a \times \dfrac{2}{2a} = 1$$

# 05 いろいろな式の計算 (pp.12〜13)

### ☑ 基礎Check

**1** (1) $-1$  (2) $4+5\sqrt{5}$

**2** (1) $a^2-2$  (2) $a^2-4$

**解説**

**1** (1) $x = 1+\sqrt{5}$ のとき,$x-1 = \sqrt{5}$

両辺を 2 乗すると,$(x-1)^2 = 5$  $x^2-2x = 4$

$x^2-2x-5 = 4-5 = -1$

(2) $x^3-2x^2+x-1 = x(x^2-2x)+x-1$

$= 5x-1 = 5(1+\sqrt{5})-1 = 4+5\sqrt{5}$

**2** (1) $x+\dfrac{1}{x} = a$ の両辺を 2 乗すると,

$$x^2+2+\dfrac{1}{x^2} = a^2$$

$$x^2+\dfrac{1}{x^2} = a^2-2$$

(2) $\left(x-\dfrac{1}{x}\right)^2 = x^2-2+\dfrac{1}{x^2} = x^2+2+\dfrac{1}{x^2}-4 = a^2-4$

**Point**

$x \cdot \dfrac{1}{x} = 1$ を利用して,対称式の性質を考える。

## 1 $5\sqrt{2}$

**解説**

$x = \sqrt{2}-1$ のとき,$x+1 = \sqrt{2}$

両辺を 2 乗して整理すると,$x^2+2x = 1$

これを利用すると,

$x^4+2x^3-x^2+5x+5 = x^2(x^2+2x)-x^2+5x+5$

$= x^2-x^2+5x+5 = 5x+5 = 5(x+1) = 5\sqrt{2}$

## 2 (1) $\sqrt{5}$  (2) 3  (3) 0

**解説**

$$\dfrac{1}{x} = \dfrac{2}{1+\sqrt{5}} = \dfrac{2(1-\sqrt{5})}{(1+\sqrt{5})(1-\sqrt{5})}$$

$$= \dfrac{2(1-\sqrt{5})}{-4} = \dfrac{2(\sqrt{5}-1)}{4} = \dfrac{\sqrt{5}-1}{2}$$

(1) $x+\dfrac{1}{x} = \dfrac{1+\sqrt{5}}{2} + \dfrac{\sqrt{5}-1}{2} = \dfrac{2\sqrt{5}}{2} = \sqrt{5}$

(2) $x^2+\dfrac{1}{x^2} = \left(x+\dfrac{1}{x}\right)^2 - 2 \cdot x \cdot \dfrac{1}{x} = (\sqrt{5})^2 - 2 = 3$

(3) $x-\dfrac{1}{x} = \dfrac{1+\sqrt{5}}{2} - \dfrac{\sqrt{5}-1}{2} = \dfrac{2}{2} = 1$ であるから,

$x^4-2x^3-x^2+2x+1$

$= x^2\left(x^2-2x-1+\dfrac{2}{x}+\dfrac{1}{x^2}\right)$

$= x^2\left\{\left(x^2+\dfrac{1}{x^2}\right) - 2\left(x-\dfrac{1}{x}\right) - 1\right\}$

$= x^2(3-2\cdot1-1) = 0$

## 3 18

**解説**

$x = 2-\sqrt{3}$ のとき,$\dfrac{1}{x} = 2+\sqrt{3}$ だから,

$x+\dfrac{1}{x} = 4$  これを利用すると,

$x^2+x+\dfrac{1}{x}+\dfrac{1}{x^2} = \left(x+\dfrac{1}{x}\right) + \left(x+\dfrac{1}{x}\right)^2 - 2$

$= 4+4^2-2 = 18$

## 4 $\dfrac{15-6\sqrt{2}}{2}$

**解説**

$\dfrac{7}{3+\sqrt{2}} = 3-\sqrt{2} = 3-1.414\cdots\cdots = 1.58\cdots\cdots$ である

から,整数部分は 1

小数部分 $a$ は $(3-\sqrt{2})-1 = 2-\sqrt{2}$

$a^2+\dfrac{1}{a^2} = (2-\sqrt{2})^2 + \dfrac{1}{(2-\sqrt{2})^2}$

$= 6-4\sqrt{2} + \dfrac{1}{6-4\sqrt{2}} = 6-4\sqrt{2} + \dfrac{3+2\sqrt{2}}{2}$

$= \dfrac{15-6\sqrt{2}}{2}$

**Point**

（小数部分）＝（もとの数）－（整数部分）

5　(1) $a=4$　(2) $\sqrt{5}$

解説

(1) $\left(\dfrac{1+\sqrt{5}}{2}\right)^3=\dfrac{1^3+3\cdot1^2\cdot\sqrt{5}+3\cdot1\cdot(\sqrt{5})^2+(\sqrt{5})^3}{8}$

$=\dfrac{1+3\sqrt{5}+15+5\sqrt{5}}{8}=2+\sqrt{5}$

$2<\sqrt{5}<3$ より，$4<2+\sqrt{5}<5$ であるから，

$2+\sqrt{5}$ の整数部分 $a=4$

(2) $2+\sqrt{5}$ の小数部分 $b=(2+\sqrt{5})-4=\sqrt{5}-2$

$b+2=\sqrt{5}$ より，両辺を2乗すると，$b^2+4b+4=5$

$b^2=-4b+1$

$b^3=b(-4b+1)=-4b^2+b$

$\quad=-4(-4b+1)+b=17b-4$

$b^4=(-4b+1)^2=16b^2-8b+1$

$\quad=16(-4b+1)-8b+1=-72b+17$

よって，

$b^4+3b^3-4b^2+6b+1$

$=(-72b+17)+3(17b-4)-4(-4b+1)+6b+1$

$=b+2=(\sqrt{5}-2)+2=\sqrt{5}$

# 06 1次不等式　　(pp.14〜15)

☑ 基礎Check

1　(1) $x>\dfrac{3}{2}$　(2) $x\geqq-\dfrac{9}{10}$

2　(1) $\dfrac{8}{3}<x<3$　(2) $x<2$

解説

1　(1) $5x-9>3(x-2)$

$\quad 5x-9>3x-6$

$\quad 2x>3\quad x>\dfrac{3}{2}$

(2) $\dfrac{2}{3}x-2(2x+1)\leqq1$

$\quad 2x-6(2x+1)\leqq3\quad 2x-12x-6\leqq3$

$\quad -10x\leqq9\quad x\geqq-\dfrac{9}{10}$

2　(1) $7<10-x$ より，$x<3$ ……①

$\quad 10-x<2(1+x)$ より，$10-x<2+2x$

$\quad -3x<-8\quad x>\dfrac{8}{3}$ ……②

①，②の共通部分をとって，$\dfrac{8}{3}<x<3$

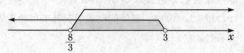

(2) $x-1>3x-5$ より，$-2x>-4\quad x<2$ ……①

$\quad 3x+2\geqq4(x-1)$ より，$3x+2\geqq4x-4$

$\quad -x\geqq-6\quad x\leqq6$ ……②

①，②の共通部分をとって，$x<2$

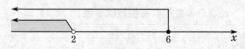

1　109

解説

$n-1<0.9n+10$ の両辺を10倍して，

$10n-10<9n+100\quad n<110$

これを満たす最大の自然数 $n$ は 109 である。

2　264個以上

解説

品物を $x$ 個買うとき，

会員になると，$5000+380x\cdot(1-0.05)$ 円かかるから，

会員になった方が安くなるのは，

$5000+380x\cdot(1-0.05)<380x$ のときである。

これを解いて，$x>\dfrac{5000}{19}\ (=263.15\cdots\cdots)$

よって，264個以上買うときである。

3　$7<a\leqq11$

解説

$3+x<4x+1$ より，$x>\dfrac{2}{3}$

$4x+1<a+6$ より，$x<\dfrac{a+5}{4}$

よって，不等式の解は $\dfrac{2}{3}<x<\dfrac{a+5}{4}$ となり，この範囲にあてはまる整数が3個になるのは，下の図のように $\dfrac{a+5}{4}$ が $3<\dfrac{a+5}{4}\leqq4$ ……① となるときである。

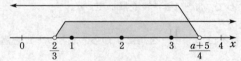

したがって，①を満たす $a$ の値の範囲を求めて，

$7<a\leqq11$

### Point

端点を含むか含まないか(不等式に = をつける
かつけないか)は，具体的に数値をあてはめて考
えるとよい。

- $\dfrac{a+5}{4}=3$ のとき　不等式の解は $\dfrac{2}{3}<x<3$
  となり，含まれる整数は 2 個。

- $\dfrac{a+5}{4}=4$ のとき　不等式の解は $\dfrac{2}{3}<x<4$
  となり，含まれる整数は 3 個。

### ❹ 5

**解説**

不等式 $\dfrac{x-12}{3}>3x-2a$ に $x=\sqrt{3}$ を代入すると，

$\dfrac{\sqrt{3}-12}{3}>3\sqrt{3}-2a$

これを $a$ について解くと，$a>\dfrac{4\sqrt{3}+6}{3}$

ここで，$4\sqrt{3}+6\fallingdotseq4\cdot1.73+6=12.92$ であるから，

$\dfrac{4\sqrt{3}+6}{3}\fallingdotseq4.3\cdots\cdots$

したがって，不等式を満たす最小の整数 $a$ は 5 であ
る。

### ❺　(1) $a\geqq\dfrac{7}{12}$　(2) $a<\dfrac{1}{3}$　(3) $-\dfrac{2}{3}\leqq a<-\dfrac{1}{3}$

**解説**

$2x-1>6(x-2)$ より，$x<\dfrac{11}{4}$ であるから，

$x>3a+1$ かつ $x<\dfrac{11}{4}$ となる場合を考える。

(1)解がないのは，下の図のように，$3a+1\geqq\dfrac{11}{4}$ とな

るときである。

$\left(3a+1=\dfrac{11}{4}\text{ のときも解はない}\right)$

よって，$3a+1\geqq\dfrac{11}{4}$ を解いて，$a\geqq\dfrac{7}{12}$

(2)$x=2$ は $x<\dfrac{11}{4}$ を満たすから，$x>3a+1$ を満た

せばよい。

よって，$2>3a+1$ より，$a<\dfrac{1}{3}$

(3)下の図のように，$-1\leqq3a+1<0$ となるときであ
る。

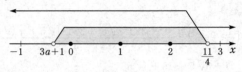

よって，$-1\leqq3a+1<0$ を解いて，

$-\dfrac{2}{3}\leqq a<-\dfrac{1}{3}$

### Point

連立不等式を満たす整数解に関する問題は数直
線をかいて考える。

## 07 いろいろな方程式・不等式 (pp.16〜17)

### ☑ 基礎Check

**❶** (1) $a\neq1$ のとき，$x=a+1$

　　$a=1$ のとき，解はすべての実数

　(2) $a>1$ のとき，$x<-\dfrac{3}{a-1}$

　　$a<1$ のとき，$x>-\dfrac{3}{a-1}$

　　$a=1$ のとき，解なし

**❷** (1) $x=\dfrac{4}{3}$

　(2) $-\dfrac{4}{3}<x<4$

**解説**

**❶** (1)$ax-a^2=x-1$ より，$(a-1)x=a^2-1$

　(i)$a\neq1$ のとき，両辺を $a-1\,(\neq0)$ で割ると，

　　$x=\dfrac{a^2-1}{a-1}=a+1$

　(ii)$a=1$ のとき，方程式は $x-1=x-1$ とな
　　り，これはすべての実数 $x$ について成り立つ。

　(2)$ax<x-3$ より，$(a-1)x<-3$

　(i)$a>1$ のとき，$a-1>0$ だから，$x<-\dfrac{3}{a-1}$

　(ii)$a<1$ のとき，$a-1<0$ だから，$x>-\dfrac{3}{a-1}$

　(iii)$a=1$ のとき，$0\cdot x<-3$ となるので，解は
　　ない。

**2** (1) (i) $x \geqq 3$ のとき，方程式は，

$(x+1)+(x-3)=3x$　$x=-2$ となるが，これは $x \geqq 3$ を満たさないから解ではない。

(ii) $-1 \leqq x < 3$ のとき，方程式は，

$(x+1)+(-x+3)=3x$　$x=\dfrac{4}{3}$ となり，これは $-1 \leqq x < 3$ を満たすので解である。

(iii) $x < -1$ のとき，方程式は，

$(-x-1)+(-x+3)=3x$　$x=\dfrac{2}{5}$ となるが，これは $x < -1$ を満たさないから解ではない。

以上より，方程式の解は，$x=\dfrac{4}{3}$

(2) $|3x-4| < 8$ より，$-8 < 3x-4 < 8$

各辺に 4 を加えて 3 で割ると，

$-\dfrac{4}{3} < x < 4$

**1** $\dfrac{-a+2}{3} \leqq x \leqq \dfrac{a+2}{3}$

（解説）

$a > 0$ だから，$|3x-2| \leqq a$ より，

$-a \leqq 3x-2 \leqq a$

各辺に 2 を加えて 3 で割ると，

$\dfrac{-a+2}{3} \leqq x \leqq \dfrac{a+2}{3}$

**2** $a > 2$ のとき，$x > -\dfrac{3}{a-2}$

$a < 2$ のとき，$x < -\dfrac{3}{a-2}$

$a = 2$ のとき，解はすべての実数

（解説）

$ax+3 > 2x$ より，$(a-2)x > -3$

(i) $a > 2$ のとき，$a-2 > 0$ だから，$x > -\dfrac{3}{a-2}$

(ii) $a < 2$ のとき，$a-2 < 0$ だから，$x < -\dfrac{3}{a-2}$

(iii) $a = 2$ のとき，不等式は $0 \cdot x > -3$ となるので，すべての実数 $x$ について成り立つ。

**3** 最大値 6（$x=3$，$y=4$ のとき），
最小値 2（$x=2$，$y=3$ のとき）

（解説）

$1+xy-x-y=(x-1)(y-1)$

$2 \leqq x \leqq 3$ だから，$1 \leqq x-1 \leqq 2$

$3 \leqq y \leqq 4$ だから，$2 \leqq y-1 \leqq 3$

これより，$1+xy-x-y$ の，

最大値は 6（$x-1=2$，$y-1=3$ のとき）

最小値は 2（$x-1=1$，$y-1=2$ のとき）

**4** (1) $a=4$
(2) $a=-2$
(3) $a=3,\ 5$

（解説）

(1) $x-(a+6)y=1$ より，$x=1+(a+6)y$

これを $ax-8(a+1)y=-2$ に代入すると，

$a\{1+(a+6)y\}-8(a+1)y=-2$

$(a^2-2a-8)y=-a-2$

$(a+2)(a-4)y=-(a+2)$ ……①

$a=4$ のとき，

①は $0 \cdot y=-6$ となり，これを満たす $y$ は存在しない。

よって，解が存在しないのは $a=4$ のときである。

(2) $a=-2$ のとき，

①は $0 \cdot y=0$ となり，すべての実数 $y$ について成り立つ。

よって，解が無数に存在するのは $a=-2$ のときである。

(3) $a \neq 4$，$a \neq -2$ のとき，①より，$y=-\dfrac{1}{a-4}$ となり，これが整数解であるのは，$a-4=1$ または $a-4=-1$ のときである。

(i) $a-4=1$ のとき，

$a=5$，$y=-1$ であり，これをもとの方程式に代入すると $x=-10$ となるので条件を満たす。

(ii) $a-4=-1$ のとき，

$a=3$，$y=1$ であり，これをもとの方程式に代入すると $x=10$ となるので条件を満たす。

したがって，求める $a$ の値は $a=5$ または 3

**5** (1) $-1 < x < 6$

(2) $0 < a \leqq 1$ または $4 \leqq a < 5$

解説

(1)①より，$-7 < 2x - 5 < 7$

$\qquad -2 < 2x < 12$

$\qquad -1 < x < 6$

(2)②より，$-3 < x - a < 3$

$\qquad a - 3 < x < a + 3$

①，②をともに満たす整数がちょうど 4 個になるのは，下の(i)，(ii)のときである。

(i)

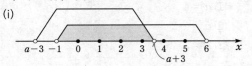

$a + 3$ が $3 < a + 3 \leqq 4$ となるときであり，これを解くと，$0 < a \leqq 1$

(ii)

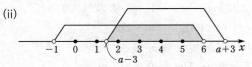

$a - 3$ が $1 \leqq a - 3 < 2$ となるときであり，これを解くと，$4 \leqq a < 5$

(i)，(ii)より，$0 < a \leqq 1$ または $4 \leqq a < 5$

---

## 第 2 章　2 次関数

# 08 いろいろな関数とグラフ (pp.18〜19)

☑ 基礎Check

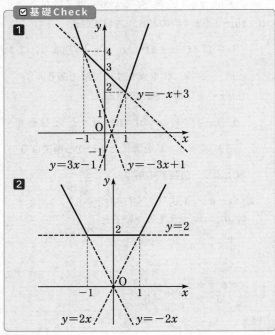

解説

**1** (i) $x \geqq 1$ のとき，

$\qquad y = 2(x - 1) + (x + 1) = 3x - 1$

(ii) $-1 \leqq x < 1$ のとき，

$\qquad y = 2(-x + 1) + (x + 1) = -x + 3$

(iii) $x < -1$ のとき，

$\qquad y = 2(-x + 1) + (-x - 1) = -3x + 1$

**2** $y = \sqrt{(x + 1)^2} + \sqrt{(x - 1)^2} = |x + 1| + |x - 1|$

(i) $x \geqq 1$ のとき，

$\qquad y = (x + 1) + (x - 1) = 2x$

(ii) $-1 \leqq x < 1$ のとき，

$\qquad y = (x + 1) + (-x + 1) = 2$

(iii) $x < -1$ のとき，

$\qquad y = (-x - 1) + (-x + 1) = -2x$

**1**

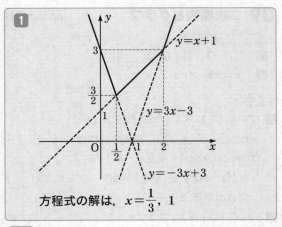

方程式の解は，$x = \dfrac{1}{3}$，1

**解説**

(i) $x \geqq 2$ のとき，

$\quad y = (2x-1) + (x-2) = 3x-3$

(ii) $\dfrac{1}{2} \leqq x < 2$ のとき，

$\quad y = (2x-1) + (-x+2) = x+1$

(iii) $x < \dfrac{1}{2}$ のとき，

$\quad y = (-2x+1) + (-x+2) = -3x+3$

方程式 $|2x-1| + |x-2| = 2$ の解は，グラフと直線 $y=2$ との交点の $x$ 座標である。

よって，$-3x+3 = 2 \quad x = \dfrac{1}{3}$，$x+1 = 2 \quad x = 1$

---

**2** $\dfrac{7}{2}\left(x = \dfrac{1}{2} \text{ のとき}\right)$

**解説**

(i) $x \geqq \dfrac{1}{2}$ のとき，

$\quad f(x) = (2x-1) + (x+3) = 3x+2$

(ii) $-3 \leqq x < \dfrac{1}{2}$ のとき，

$\quad f(x) = (-2x+1) + (x+3) = -x+4$

(iii) $x < -3$ のとき，

$\quad f(x) = (-2x+1) + (-x-3) = -3x-2$

よって，$y = f(x)$ のグラフは次のような折れ線になり，$x = \dfrac{1}{2}$ のとき最小値 $f\left(\dfrac{1}{2}\right) = \dfrac{7}{2}$ をとる。

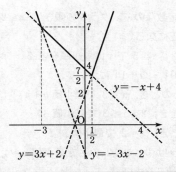

---

**3** 最大値 16 $(x = -1$ のとき$)$，
最小値 4 $(x = 2$ のとき$)$

**解説**

$-1 \leqq x < 0$，$0 \leqq x < 1$，$1 \leqq x < 2$，$2 \leqq x < 3$，$3 \leqq x < 4$ のどの区間においても，$y$ は $x$ の1次関数となるから，グラフは各区間の端点の座標を線分で結べばよい。

$x = -1$，0，1，2，3，4 のときの $y$ の値はそれぞれ 16，10，6，4，8，14 であるから，グラフは下のようになる。

よって，$x = -1$ のとき最大値 16，$x = 2$ のとき最小値 4 をとるとわかる。

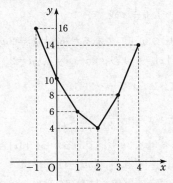

---

**4** $0 < a < 2$ のとき $a+4$，$2 \leqq a$ のとき 6

**解説**

(i) $x \leqq 1$ のとき，

$\quad y = -(a+6)x + 2a + 14$

(ii) $1 < x \leqq 2$ のとき，

$\quad y = -(a+2)x + 2a + 10$

(iii) $2 < x \leqq 3$ のとき，

$\quad y = (a-2)x - 2a + 10$

(iv) $3 < x$ のとき，

$\quad y = (a+6)x - 2a - 14$

$a$ は正の定数なので，グラフの傾きは $x \leqq 2$ で負，$3 \leqq x$ で正になる。

つまり，$2 \leqq x \leqq 3$ で $y$ は最小値をとる。

$y = (a-2)x - 2a + 10$ について，

$0 < a < 2$ のとき，$x = 3$ で最小値 $a + 4$

$a = 2$ のとき，$2 \leqq x \leqq 3$ で最小値 $6$

$2 < a$ のとき，$x = 2$ で最小値 $6$

よって，$y$ は $0 < a < 2$ のとき最小値 $a + 4$，$2 \leqq a$ のとき最小値 $6$ をとる。

**5** (1) $-3 \leqq x < -2$，$1 \leqq x < 2$

(2) $\dfrac{5}{3} \leqq x < \dfrac{7}{3}$

**解説**

(1) $([x])^2 + 2[x] - 3 = 0$ の左辺を因数分解して，

$([x] + 3)([x] - 1) = 0$

よって，$[x] = -3$，$1$

$[x] = -3$ のとき，$-3 \leqq x < -2$

$[x] = 1$ のとき，$1 \leqq x < 2$

(2) $[x] = n$（$n$ は整数）とおくと，

(i) $n \leqq x < n + \dfrac{1}{3}$ のとき，

$3n \leqq 3x < 3n + 1$ であるから，$[3x] = 3n$

$[3x] - [x] = 4$ より，$3n - n = 4$，$n = 2$

よって，$2 \leqq x < \dfrac{7}{3}$ ……①

(ii) $n + \dfrac{1}{3} \leqq x < n + \dfrac{2}{3}$ のとき，

$3n + 1 \leqq 3x < 3n + 2$ であるから，$[3x] = 3n + 1$

$[3x] - [x] = 4$ より，$(3n + 1) - n = 4$

これを満たす整数 $n$ は存在しない。

(iii) $n + \dfrac{2}{3} \leqq x < n + 1$ のとき，

$3n + 2 \leqq 3x < 3n + 3$ であるから，$[3x] = 3n + 2$

$[3x] - [x] = 4$ より，$(3n + 2) - n = 4$，$n = 1$

よって，$\dfrac{5}{3} \leqq x < 2$ ……②

①，②より，$x$ の値の範囲は，$\dfrac{5}{3} \leqq x < \dfrac{7}{3}$

# 09 2次関数とグラフ (pp.20〜21)

☑ 基礎Check

**1** (1) $(-1, 3)$　(2) $(2, -3)$

**2** $y = x^2 - 8x + 5$

**解説**

**1** (1) $y = x^2 + 2x + 4 = (x^2 + 2x + 1) + 3$
$= (x + 1)^2 + 3$ より，頂点の座標は $(-1, 3)$

(2) $y = 2x^2 - 8x + 5 = 2(x^2 - 4x) + 5$
$= 2(x^2 - 4x + 4 - 4) + 5 = 2(x - 2)^2 - 3$ より，
頂点の座標は $(2, -3)$

**2** $y = x^2 - 2x - 8$ のグラフを $x$ 軸方向に 3，$y$ 軸方向に $-2$ だけ平行移動した放物線の方程式は，
$y = (x - 3)^2 - 2(x - 3) - 8 + (-2) = x^2 - 8x + 5$

**Point**

**グラフの平行移動**

一般に，関数 $y = f(x)$ のグラフを，$x$ 軸方向に $p$，$y$ 軸方向に $q$ だけ平行移動した関数のグラフは，
$y - q = f(x - p)$ すなわち $y = f(x - p) + q$

**1** $p = 18$，$q = -29$

**解説**

$y = -3x^2$ のグラフを $x$ 軸方向に 3，$y$ 軸方向に $-2$ だけ平行移動した放物線の方程式は，
$y = -3(x - 3)^2 + (-2) = -3x^2 + 18x - 29$
であるから，$p = 18$，$q = -29$

**2** (1) 4　(2) $-3$

**解説**

$y = x^2 - 6x + 7 = (x - 3)^2 - 2$ より，
頂点の座標は $(3, -2)$

$y = x^2 + 2x + 2 = (x + 1)^2 + 1$ より，
頂点の座標は $(-1, 1)$

よって，頂点の移動を考えると，$x$ 軸方向に 4，$y$ 軸方向に $-3$ だけ平行移動したことがわかる。

**3** $a = -2$，$b = -48$

**解説**

平行移動したグラフの式は $x^2$ の係数が 3 で，2 点 $(-6, 0)$，$(2, 0)$ を通ることから，
$y = 3(x + 6)(x - 2) = 3x^2 + 12x - 36 = 3(x + 2)^2 - 48$
よって，頂点の座標は $(-2, -48)$ となるので，
$a = -2$，$b = -48$

**解説**

逆に，$y=x^2-6x+4$ を $x$ 軸方向に $-4$，$y$ 軸方向に $2$，それぞれ平行移動させると，

$y=(x+4)^2-6(x+4)+4+2=x^2+2x-2$

となることから，$a=1$，$b=2$，$c=-2$ とわかる。

**5** $f(x)=2x^2-24x+73$

**解説**

関数 $y=-2x^2+3$ のグラフを $x$ 軸方向に $-3$，$y$ 軸方向に $-2$ だけ平行移動すると，

$y=-2(x+3)^2+3+(-2)$

$y=-2x^2-12x-17$

これを原点に関して対称移動すると，

$-y=-2(-x)^2-12(-x)-17$

$y=2x^2-12x+17$

さらに，これを $x$ 軸方向に $3$，$y$ 軸方向に $2$ だけ平行移動すると，

$y=2(x-3)^2-12(x-3)+17+2$

$y=2x^2-24x+73$

よって，$f(x)=2x^2-24x+73$

# 10 2次関数の最大・最小 ① (pp.22〜23)

**☑ 基礎Check**

**1** (1) 最大値 $4$（$x=1$ のとき），
　　　最小値 $-5$（$x=-2$ のとき）

　　(2) 最大値 $\dfrac{9}{2}$ $\left(x=\dfrac{3}{2}\text{ のとき}\right)$，

　　　最小値 $-8$（$x=-1$ のとき）

**2** $a<1$ のとき…$1$（$x=1$ のとき）

　　$1\leqq a<3$ のとき…$-a^2+2a$

　　　　　　　　　　（$x=a$ のとき）

　　$a\geqq 3$ のとき…$-4a+9$（$x=3$ のとき）

**解説**

**1** (1) $y=x^2+4x-1=(x+2)^2-5$ より，

$-3\leqq x\leqq 1$ におけるグラフは下のようになり，

$x=1$ のとき最大値 $4$，$x=-2$ のとき最小値 $-5$ をとる。

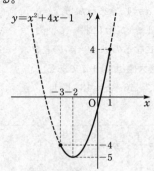

(2) $y=-2x^2+6x=-2\left(x-\dfrac{3}{2}\right)^2+\dfrac{9}{2}$ より，

$-1\leqq x\leqq 2$ におけるグラフは下のようになり，

$x=\dfrac{3}{2}$ のとき最大値 $\dfrac{9}{2}$，$x=-1$ のとき最小値 $-8$ をとる。

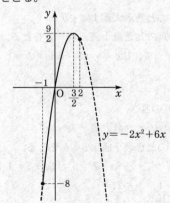

**2** $f(x)=x^2-2ax+2a=(x-a)^2-a^2+2a$ より，

定義域 $1\leqq x\leqq 3$ における最小値は，

(i) $a<1$ のとき，$f(1)=1$

(ii) $1\leqq a<3$ のとき，$f(a)=-a^2+2a$

(iii) $a\geqq 3$ のとき，$f(3)=-4a+9$

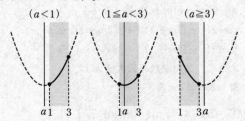

**1** $a = -3$

解説

$y = 2x^2 - 4x + a$
$= 2(x-1)^2 + a - 2$ より,
軸は直線 $x = 1$ であるから,
定義域 $-1 \leq x \leq 4$ において $y$ の
値が最大になるのは $x = 4$ のとき
で, $y$ の最大値は $16 + a$ である。
したがって, $16 + a = 13$ より,
$a = -3$

**2** $a = \dfrac{4}{15}, \ b = \dfrac{9}{5}$

　　または, $a = -\dfrac{4}{15}, \ b = \dfrac{21}{5}$

解説

$y = ax^2 + 4ax + b = a(x+2)^2 - 4a + b$ より,
軸は $x = -2$ であるから, 定義域 $-1 \leq x \leq 2$ において,
(i) $a > 0$ のとき,
　$x = 2$ のとき最大値 $12a + b$,
　$x = -1$ のとき最小値 $-3a + b$ をとる。
　したがって, $12a + b = 5$, $-3a + b = 1$ より,
　$a = \dfrac{4}{15}, \ b = \dfrac{9}{5}$
(ii) $a < 0$ のとき,
　$x = -1$ のとき最大値 $-3a + b$,
　$x = 2$ のとき最小値 $12a + b$ をとる。
　したがって, $-3a + b = 5$, $12a + b = 1$ より,
　$a = -\dfrac{4}{15}, \ b = \dfrac{21}{5}$

**3** (1) $8m^2 + 3m + 3$　(2) ① $-\dfrac{3}{16}$, ② $\dfrac{87}{32}$

解説

(1) $y = -2x^2 + (8m+4)x - 5m + 1$
　　$= -2\{x^2 - (4m+2)x\} - 5m + 1$
　　$= -2\{x - (2m+1)\}^2 + 2(2m+1)^2 - 5m + 1$
　　$= -2\{x - (2m+1)\}^2 + 8m^2 + 3m + 3$
　よって, この関数の最大値 $M$ は,
　$M = 8m^2 + 3m + 3$

(2) ① ② (1)より, $M = 8\left(m + \dfrac{3}{16}\right)^2 + \dfrac{87}{32}$
　よって, $m = -\dfrac{3}{16}$ のとき, 最小値 $\dfrac{87}{32}$ をとる。

**4** $a \geq 2$ のとき,
　　$m = a^2 - 4a + 1$ ($x = a$ のとき)
　　$1 \leq a < 2$ のとき,
　　$m = -3$ ($x = 2$ のとき)
　　$a < 1$ のとき,
　　$m = a^2 - 2a - 2$ ($x = a + 1$ のとき)

解説

$y = f(x) = x^2 - 4x + 1 = (x-2)^2 - 3$ とおく。
(i) $2 \leq a$, すなわち $a \geq 2$ のとき,
　$m = f(a) = a^2 - 4a + 1$
(ii) $a < 2 \leq a + 1$, すなわち $1 \leq a < 2$ のとき,
　$m = f(2) = -3$
(iii) $a + 1 < 2$, すなわち $a < 1$ のとき,
　$m = f(a+1) = (a+1)^2 - 4(a+1) + 1 = a^2 - 2a - 2$

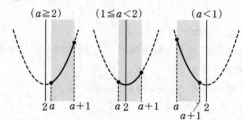

**5** 最大値 44 ($a = -1$ のとき),
　　最小値 $-1$ ($a = 2$ のとき)

解説

$y = x^2 - 2(a-1)x + 6a^2 - 22a + 20$
$= \{x - (a-1)\}^2 + 5a^2 - 20a + 19$ より,
$m = f(a) = 5a^2 - 20a + 19 = 5(a-2)^2 - 1$ とおくと,
$-1 \leq a \leq 4$ において,
$m$ の最大値は $f(-1) = 44$,
最小値は $f(2) = -1$ とわかる。

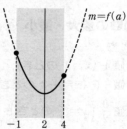

# 11 2次関数の最大・最小 ② (pp.24〜25)

**1** 最大値 64 ($x=8$, $y=8$ のとき),
　最小値 0
　　($x=0$, $y=16$ と $x=16$, $y=0$ のとき)

**2** $-3$ ($x=1$ のとき)

### 解説

**1** $x+y=16$ のとき,
$y=16-x$ だから,
$xy=x(16-x)=-x^2+16x$
$=-(x-8)^2+64$
ここで, $x \geqq 0$ であり,
$y \geqq 0$ より $16-x \geqq 0$,
$x \leqq 16$ だから, $0 \leqq x \leqq 16$
よって, $0 \leqq x \leqq 16$ において,
$f(x)=-(x-8)^2+64$ の最大, 最小を考える。
グラフより, 最大値は $f(8)=64$,
最小値は $f(0)=f(16)=0$

**2** $x^2-2x=t$ とおき,
$y=(x^2-2x)^2+4(x^2-2x)$
$=t^2+4t=(t+2)^2-4=f(t)$
とする。
このとき, $t=x^2-2x$
$=(x-1)^2-1 \geqq -1$
であるから, $y=f(t)$ の
$t \geqq -1$ における最小値を
求めればよい。
グラフより,
最小値は $f(-1)=-3$
$t=-1$ のとき,
$x^2-2x=-1$ $(x-1)^2=0$ $x=1$
よって, $x=1$ のとき, 最小値 $-3$ をとる。

**1** (1) $t \geqq -2$
　　(2) $x=0$, $-2$ のとき, 最小値 6

### 解説

$(1) x^2+2x-1=(x+1)^2-2 \geqq -2$ より,
　$t \geqq -2$

$(2) f(x)=g(t)=t^2+2t+7$
　$=(t+1)^2+6$ の $t \geqq -2$ に
　おける最小値を求めればよい。
　グラフより,
　最小値は $g(-1)=6$
　$t=-1$ のとき,
　$x^2+2x-1=-1$
　$x^2+2x=0$ $x(x+2)=0$
　よって, $x=0$, $-2$ のとき, 最小値 6 をとる。

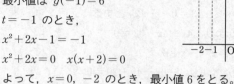

**2** (1) 1 (2) 32 (3) 25

### 解説

$(1) x+4y=4$ より, $x=4-4y$
　$x=4-4y \geqq 0$, $y \geqq 0$ より, $0 \leqq y \leqq 1$ ……①
　また, $xy=(4-4y)y=-4y^2+4y=-4\left(y-\dfrac{1}{2}\right)^2+1$
　よって, ①において $y=\dfrac{1}{2}$ のとき $xy$ の最大値は 1

$(2) (x^2+16)(y^2+1)=x^2y^2+x^2+16y^2+16$
　$=(xy)^2+(x+4y)^2-8xy+16$
　$=(xy)^2+4^2-8xy+16$
　$=(xy)^2-8(xy)+32$
　$=(xy-4)^2+16$
　(1)より, $0 \leqq xy \leqq 1$
　よって, $xy=0$ のとき最大値 32 をとる。

$(3)$ (1)・(2)より, $xy=1$ のとき最小値 25 をとる。

**3** $a \geqq 1$ のとき,
　$-a^2+2a+3$ ($x=-1$ のとき)
　$a<1$ のとき,
　$4$ ($x=-1 \pm \sqrt{1-a}$ のとき)

### 解説

$x^2+2x=t$ とおき,
$y=-(x^2+2x)^2-2a(x^2+2x)-a^2+4$
$=-t^2-2at-a^2+4=-(t+a)^2+4=f(t)$ とする。
$t=x^2+2x=(x+1)^2-1 \geqq -1$ であるから,
$y=f(t)$ の $t \geqq -1$ における最大値を求めればよい。
(i) $-a \leqq -1$, すなわち $a \geqq 1$ のとき,
　$y$ は $t=-1$ で最大値 $-a^2+2a+3$ をとる。
(ii) $-a>-1$, すなわち $a<1$ のとき,
　$y$ は $t=-a$ で最大値 4 をとる。

**4** 最大値 131 （$x=7$, $y=9$, $z=1$ のとき），
最小値 35 （$x=3$, $y=1$, $z=5$ のとき）

**解説**

$x+y+3z-19=0$ ……①,
$3x-y+z-13=0$ ……② とする。
①+② より，$4x+4z-32=0$
よって，$z=-x+8$
①-②×3 より，$-8x+4y+20=0$
よって，$y=2x-5$
これらを $x^2+y^2+z^2$ に代入すると，
$x^2+y^2+z^2=x^2+(2x-5)^2+(-x+8)^2$
$=6x^2-36x+89=6(x-3)^2+35$
ここで，$y\geqq1$, $z\geqq1$ より，
$2x-5\geqq1$, $-x+8\geqq1$
よって，$3\leqq x\leqq7$
したがって，$x^2+y^2+z^2$ は，
$x=7$, $y=9$, $z=1$ のとき最大値 131 をとり，
$x=3$, $y=1$, $z=5$ のとき最小値 35 をとる。

# 12 2次関数の最大・最小 ③ (pp.26〜27)

**☑ 基礎Check**

**1** 最大値 12 （$x=8$ のとき），
最小値 0 （$x=6$ のとき）

**2** 最小値 4 （$x=-6$, $y=-3$ のとき）

**解説**

**1** $f(x)=|x^2-8x+12|$ のグラフは，
$y=x^2-8x+12=(x-2)(x-6)$ のグラフで $y<0$
の部分を $x$ 軸について折り返したものである。
$y=x^2-8x+12=(x-4)^2-4$ より，グラフは下の
図の実線部分になり，
$3\leqq x\leqq8$ において，
最大値は $f(8)=12$,
最小値は $f(6)=0$ である。

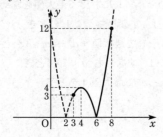

**2** $x^2-4xy+5y^2+6y+13$
$=(x^2-4xy+4y^2)+y^2+6y+13$
$=(x-2y)^2+(y+3)^2+4$
ここで，$(x-2y)^2\geqq0$, $(y+3)^2\geqq0$ であるから，$x$,
$y$ が $x-2y=0$, $y+3=0$ を同時に満たすとき式
の値は最小となり，その値は 4 である。（このとき，
$x=-6$, $y=-3$)

**1** (1) 下の図の実線部分
(2) 3 （$x=-1$ のとき）
(3) $\dfrac{3}{4}<a<1$

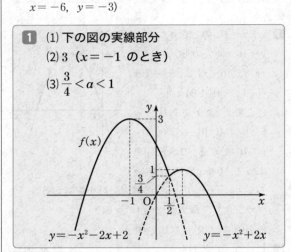

**解説**

(1)・(2) $x\geqq\dfrac{1}{2}$ のとき，

$f(x)=-x^2+2\left(x-\dfrac{1}{2}\right)+1=-x^2+2x$

$=-(x-1)^2+1$

$x<\dfrac{1}{2}$ のとき，

$f(x)=-x^2+2\left(\dfrac{1}{2}-x\right)+1=-x^2-2x+2$

$=-(x+1)^2+3$

よって，グラフより，$x=-1$ のとき最大値 3 をとる。

(3) 下の図より，$y=f(x)$ と直線 $y=a$ との共有点が 4
個となるのは，$\dfrac{3}{4}<a<1$ のときであることがわかる。

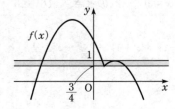

**2** $5-\sqrt{14}\leqq a\leqq 1+\sqrt{14}$

解説

$f(x)=|x^2-10x+18|=|(x-5)^2-7|$ より，グラフは下の図の実線部分になる。

$\alpha$，$\beta$ は $x^2-10x+18=7$ の2つの解であり，

$\alpha=5-\sqrt{14}$，$\beta=5+\sqrt{14}$

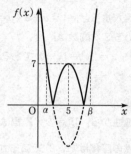

ここで，$5-\alpha=\sqrt{14}<4$，$\beta-5=\sqrt{14}<4$

したがって，定義域 $a\leqq x\leqq a+4$ が $\alpha\leqq x\leqq\beta$ に含まれていれば必ず $x=5$ を含むので，$f(x)$ の最大値は7となり適する。

逆に，定義域 $a\leqq x\leqq a+4$ が $\alpha\leqq x\leqq\beta$ からはみ出ていれば，$f(x)$ は $x=a$ または $x=a+4$ のどちらかで最大値をとるが，この値は7より大きくなるので不適。

よって，求める条件は，

$a\geqq 5-\sqrt{14}$ かつ $a+4\leqq 5+\sqrt{14}$

すなわち，

$5-\sqrt{14}\leqq a\leqq 1+\sqrt{14}$ である。

---

**3** $1\leqq t<2$ のとき，$-t^2+4$
$\qquad\qquad\qquad (x=t+1$ のとき$)$
$\quad 2\leqq t<3$ のとき，$0\ (x=3$ のとき$)$
$\quad t\geqq 3$ のとき，$t^2-2t-3\ (x=t$ のとき$)$

解説

$x<3$ のとき，

$f(x)=(x+1)(3-x)=-x^2+2x+3=-(x-1)^2+4$

$x\geqq 3$ のとき，

$f(x)=(x+1)(x-3)=x^2-2x-3=(x-1)^2-4$

よって，グラフは下の図の実線部分になる。

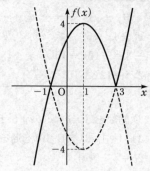

したがって，

(i)$t\geqq 1$ かつ $t+1<3$ $(1\leqq t<2)$ のとき，

最小値は $f(t+1)=-(t+1)^2+2(t+1)+3$

$\qquad\qquad = -t^2+4$

(ii)$t<3$ かつ $t+1\geqq 3$ $(2\leqq t<3)$ のとき，

最小値は $f(3)=0$

(iii)$t\geqq 3$ のとき，

最小値は $f(t)=t^2-2t-3$

---

**4** $(1)-3$ $(2)1$ $(3)-7$

解説

(1)・(2)・(3)$2x^2+y^2-2xy+14x-8y+18$

$=y^2-2(x+4)y+2x^2+14x+18$

$=\{y-(x+4)\}^2-(x+4)^2+2x^2+14x+18$

$=\{y-(x+4)\}^2+x^2+6x+2$

$=\{y-(x+4)\}^2+(x+3)^2-7$

より，$y=x+4$ のとき，最小値 $(x+3)^2-7$ をとる。

よって，$x=-3$，$y=-3+4=1$ のとき，最小となり，最小値は $-7$

**Point**

2変数の最大・最小では，まず1つの文字について整理する。

## 13 2次関数の決定 (pp.28〜29)

**1** (1) $y = x^2 + 4x + 5$

   (2) $y = -3x^2 + 12x - 15$

   (3) $y = 2x^2 - 12x + 16$

**解説**

**1** (1)求める2次関数を $y = ax^2 + bx + c$ とおくと，3
点 $(-2,\ 1)$, $(-1,\ 2)$, $(1,\ 10)$ を通ることから，

$1 = 4a - 2b + c$ ……①

$2 = a - b + c$ ……②

$10 = a + b + c$ ……③

が成り立つ。

③−② より，$2b = 8$　$b = 4$

①−② より，$3a - b = -1$, $b = 4$ だから，

$3a - 4 = -1$　$a = 1$

③より，$c = 10 - a - b = 10 - 1 - 4 = 5$

よって，求める2次関数は，$y = x^2 + 4x + 5$

(2)頂点の座標が $(2,\ -3)$ であるから，求める2次
関数は $y = a(x-2)^2 - 3$ とおくことができる。

点 $(1,\ -6)$ を通ることから，$-6 = a - 3$　$a = -3$

よって，求める2次関数は，

$y = -3(x-2)^2 - 3 = -3x^2 + 12x - 15$

(3) $y = 2x^2$ を平行移動させたものなので，$x^2$ の係
数は2である。

さらに，$(2,\ 0)$, $(4,\ 0)$ で $x$ 軸と交わることから，
求める2次関数は，

$y = 2(x-2)(x-4) = 2x^2 - 12x + 16$

**Point**

$x$ 軸と2点 $(\alpha,\ 0)$, $(\beta,\ 0)$ で交わる放物線の方
程式は $y = a(x - \alpha)(x - \beta)$

**1** (1) $a = 2$, $b = -4$, $c = -1$

   (2) $a = 2$, $b = -4$, $c = 4$

**解説**

(1)頂点の座標が $(1,\ -3)$ であるから，求める2次関
数は $y = a(x-1)^2 - 3$ とおくことができる。

点 $(0,\ -1)$ を通ることから，$-1 = a - 3$　$a = 2$

よって，求める2次関数は，

$y = 2(x-1)^2 - 3 = 2x^2 - 4x - 1$ であるから，

$a = 2$, $b = -4$, $c = -1$

(2)頂点が直線 $y = x + 1$ 上にあるから，頂点の座標

を $(t,\ t+1)$ とすると，求める2次関数は，

$y = a(x-t)^2 + t + 1$ とおくことができる。

これが，2点 $(0,\ 4)$, $(2,\ 4)$ を通ることから，

$4 = a(0-t)^2 + t + 1$ ……①

$4 = a(2-t)^2 + t + 1$ ……②

②−① より，$a(-4t + 4) = 0$

$a$ は0でないから，$-4t + 4 = 0$　$t = 1$

これを①に代入すると，$4 = a + 2$　$a = 2$

よって，求める2次関数は，

$y = 2(x-1)^2 + 2 = 2x^2 - 4x + 4$ であるから，

$a = 2$, $b = -4$, $c = 4$

**別解**

グラフの対称性から，頂点の $x$ 座標は $\dfrac{0+2}{2} = 1$

よって，頂点の座標は $(1,\ 2)$ であるから，求める2
次関数は $y = a(x-1)^2 + 2$ とおくことができる。

これが点 $(0,\ 4)$ を通ることから，$4 = a + 2$　$a = 2$

よって，求める2次関数は，

$y = 2(x-1)^2 + 2 = 2x^2 - 4x + 4$ であるから，

$a = 2$, $b = -4$, $c = 4$

**2** $a = 2$, $b = 5$, $c = -1$

頂点の座標は $\left( -\dfrac{5}{4},\ -\dfrac{33}{8} \right)$

**解説**

放物線 $y = ax^2 + bx + c$ が3点 $(-2,\ -3)$,
$(0,\ -1)$, $(1,\ 6)$ を通ることから，

$-3 = 4a - 2b + c$ ……①

$-1 = c$

$6 = a + b + c$ ……②

が成り立つ。

①+②×2 より，$9 = 6a + 3c$, $c = -1$ だから，

$9 = 6a - 3$　$a = 2$

②より，$b = 6 - a - c = 6 - 2 - (-1) = 5$

よって，放物線の方程式は，

$y = 2x^2 + 5x - 1 = 2\left(x + \dfrac{5}{4}\right)^2 - \dfrac{33}{8}$ より，

頂点の座標は，$\left( -\dfrac{5}{4},\ -\dfrac{33}{8} \right)$

**3** $y = 4\left(x - \dfrac{1}{2}\right)^2 - 7$ $(y = 4x^2 - 4x - 6)$

**解説**

求める2次関数のグラフが2点 $(-1,\ 2)$, $(2,\ 2)$ を通

るから，軸は直線 $x=\dfrac{(-1)+2}{2}=\dfrac{1}{2}$

最小値 $-7$ をもつことから，グラフは下に凸であり，

求める 2 次関数は $y=a\left(x-\dfrac{1}{2}\right)^2-7 \ (a>0)$ とおける。

これが点 $(-1,\ 2)$ を通ることから，

$2=\dfrac{9}{4}a-7 \quad a=4 \quad (a>0$ を満たす$)$

よって，求める 2 次関数は，$y=4\left(x-\dfrac{1}{2}\right)^2-7$

---

**4** (1) $b=-a^2-8a-13$

(2) $a=1,\ -3$

解説

(1) $y=-x^2+(2a+4)x+b$

　$=-\{x-(a+2)\}^2+b+(a+2)^2$

　より，頂点の座標は $(a+2,\ b+(a+2)^2)$

　これが直線 $y=-4x-1$ 上にあるから，

　$b+(a+2)^2=-4(a+2)-1$

　よって，$b=-(a+2)^2-4(a+2)-1=-a^2-8a-13$

(2) (i) $a+2\geqq2$，すなわち $a\geqq0$ のとき，$y$ は $x=0$

　　　で最小値 $b=-a^2-8a-13$ をとる。

　　　よって，$-a^2-8a-13=-22$

　　　$(a+9)(a-1)=0$，$a\geqq0$ だから，$a=1$

　　(ii) $a+2<2$，すなわち $a<0$ のとき，$y$ は $x=4$

　　　で最小値 $8a+b=8a-a^2-8a-13=-a^2-13$

　　　をとる。

　　　よって，$-a^2-13=-22$ より，$a^2=9$

　　　$a<0$ だから，$a=-3$

---

# 14　2次方程式　(pp.30〜31)

☑ 基礎Check

**1** (1) $x=-3,\ 5$　(2) $x=-\dfrac{5}{2},\ -3$

(3) $x=\dfrac{2\pm\sqrt{2}}{2}$　(4) $x=\dfrac{5}{4}$

**2** $k=2$

解説

**1** (1) $x^2-2x-15=0$

　　　因数分解して，$(x+3)(x-5)=0 \quad x=-3,\ 5$

　(2) $2x^2+11x+15=0$

　　　因数分解して，$(2x+5)(x+3)=0 \quad x=-\dfrac{5}{2},\ -3$

---

(3) $2x^2-4x+1=0$

　　解の公式より，$x=\dfrac{2\pm\sqrt{(-2)^2-2\cdot1}}{2}=\dfrac{2\pm\sqrt{2}}{2}$

(4) $16x^2-40x+25=0$

　　因数分解して，$(4x-5)^2=0 \quad x=\dfrac{5}{4}$

**2** $x^2-4x+2k=0$ の判別式を $D$ とすると，重解を

もつとき，$\dfrac{D}{4}=(-2)^2-2k=0$ より，$k=2$

└以降，判別式を $D$ とする

---

**1** $x=\dfrac{1}{4},\ -2$

解説

$x^2+ax+b=0$ に $x=2+\sqrt{3}$ を代入して，

$(2+\sqrt{3})^2+a(2+\sqrt{3})+b=0$

$(a+4)\sqrt{3}+(2a+b+7)=0$

ここで，$a+4$，$2a+b+7$ は有理数だから，

$a+4=0$ かつ $2a+b+7=0$ が成り立つ。

これを解いて，$a=-4,\ b=1$

よって，$ax^2-7x+2b=0$ は $-4x^2-7x+2=0$ とな

り，$4x^2+7x-2=0 \quad (4x-1)(x+2)=0$

$x=\dfrac{1}{4},\ -2$

Point

$A$，$B$ が有理数で，$A+B\sqrt{3}=0$ ならば，

$A=B=0$

---

**2** $-4<k<0$

解説

2 次方程式 $kx^2+(k+2)x+\dfrac{1}{k}=0$ が実数解をもたな

いのは，$D=(k+2)^2-4\cdot k\cdot\dfrac{1}{k}<0$ のときである。

よって，$k^2+4k<0 \quad k(k+4)<0 \quad -4<k<0$

---

**3** (1) $x=\sqrt{3},\ -1-\sqrt{2}$　(2) $x=\dfrac{1}{5}$

解説

(1) $x\geqq-1$ のとき，方程式は $x^2+x-2=x+1$

　　これより，$x^2=3$，$x\geqq-1$ だから，$x=\sqrt{3}$

　　$x<-1$ のとき，方程式は $x^2+x-2=-x-1$

　　これより，$x^2+2x-1=0$

　　$x<-1$ だから，$x=-1-\sqrt{2}$

(2)$2x-x^2 \geqq 0$ より，$x(x-2) \leqq 0$　$0 \leqq x \leqq 2$

また，$\sqrt{2x-x^2}=1-2x \geqq 0$ より，$x \leqq \dfrac{1}{2}$

以上より，$0 \leqq x \leqq \dfrac{1}{2}$

この条件の下で，方程式の両辺を2乗すると，

$2x-x^2=4x^2-4x+1$

$5x^2-6x+1=0$　$(5x-1)(x-1)=0$

$0 \leqq x \leqq \dfrac{1}{2}$ を満たす解は，$x=\dfrac{1}{5}$

> **Point**
>
> $\sqrt{A}=B$ のとき，$A \geqq 0$，$B \geqq 0$

**4** $k=2$

**解説**

$2x^2-2kx+k=0$ が重解をもつとき，

$(-k)^2-2k=0$　$k(k-2)=0$　$k=0, 2$

$k=0$ のとき，$-3x^2+9kx-k=25$ は $-3x^2=25$ となり，これは重解をもたないから不適。

$k=2$ のとき，$-3x^2+9kx-k=25$ は，

$-3x^2+18x-2=25$　$(x-3)^2=0$ となり，これは $x=3$ を重解にもつ。よって，$k=2$

**5** (1) $t^2-2$

(2) $x=\dfrac{3 \pm \sqrt{5}}{2}$，$\dfrac{5 \pm \sqrt{21}}{2}$

**解説**

(1)$\left(x+\dfrac{1}{x}\right)^2=x^2+2+\dfrac{1}{x^2}$ より，

$x^2+\dfrac{1}{x^2}=\left(x+\dfrac{1}{x}\right)^2-2=t^2-2$

(2)$x^4-8x^3+17x^2-8x+1=0$ ……① とおく。

$x \neq 0$ であるから，①の両辺を $x^2$ で割って，

$x^2-8x+17-\dfrac{8}{x}+\dfrac{1}{x^2}=0$

$\left(x^2+\dfrac{1}{x^2}\right)-8\left(x+\dfrac{1}{x}\right)+17=0$

(1)より，$(t^2-2)-8t+17=0$

$t^2-8t+15=0$　$(t-3)(t-5)=0$　$t=3, 5$

(i)$t=x+\dfrac{1}{x}=3$ のとき，

$x^2-3x+1=0$　$x=\dfrac{3 \pm \sqrt{5}}{2}$

(ii)$t=x+\dfrac{1}{x}=5$ のとき，

$x^2-5x+1=0$　$x=\dfrac{5 \pm \sqrt{21}}{2}$

(i)，(ii) より，①の解は，$x=\dfrac{3 \pm \sqrt{5}}{2}$，$\dfrac{5 \pm \sqrt{21}}{2}$

# 15　2次不等式 ①　　(pp.32～33)

> **基礎Check**
>
> **1** (1) $x<-3$，$2<x$
>
> 　　(2) $-4-\sqrt{6}<x<-4+\sqrt{6}$
>
> **2** $a=3$，$b=10$

**解説**

**1** (1)$x^2+x-6>0$　$(x+3)(x-2)>0$

　　これより，$x<-3$，$2<x$

　(2)$x^2+8x+10=0$ の解は $x=-4 \pm \sqrt{6}$ だから，

　　不等式 $x^2+8x+10<0$ の解は，

　　$-4-\sqrt{6}<x<-4+\sqrt{6}$

**2** 解が $-2<x<5$ である不等式の1つは，

$(x+2)(x-5)<0$

$x^2-3x-10<0$

$x^2$ の係数をあわせるために，両辺に $-1$ をかけると，

$-x^2+3x+10>0$

よって，$a=3$，$b=10$ である。

**1** $1-2\sqrt{2}<x<1$

**解説**

(i)$x \geqq -1$ のとき，

$x^2+2(x+1)-5<0$　$x^2+2x-3<0$

$(x-1)(x+3)<0$

$-3<x<1$

よって，$x \geqq -1$ より，$-1 \leqq x<1$

(ii)$x<-1$ のとき，

$x^2-2(x+1)-5<0$　$x^2-2x-7<0$

$1-2\sqrt{2}<x<1+2\sqrt{2}$

よって，$x<-1$ より，$1-2\sqrt{2}<x<-1$

(i)，(ii) より，$1-2\sqrt{2}<x<1$

**2** $1 \leqq x \leqq 2+\sqrt{3}$

**解説**

$x^2-5x+3 \leqq x-2$ より, $x^2-6x+5 \leqq 0$

$(x-1)(x-5) \leqq 0$  $1 \leqq x \leqq 5$ ……①

$x^2-5x+3 \leqq -(x-2)$ より, $x^2-4x+1 \leqq 0$

$2-\sqrt{3} \leqq x \leqq 2+\sqrt{3}$ ……②

①, ②の共通部分を求めて, $1 \leqq x \leqq 2+\sqrt{3}$

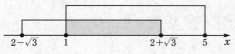

**3** (1) $N=14$  (2) $\dfrac{8}{5} < a \leqq 2$

**解説**

(1) $x^2-6x+5 \geqq 0$ より, $x \leqq 1$, $5 \leqq x$

$a=1$ のとき, $|x-5| \leqq 8$ より,

$-8 \leqq x-5 \leqq 8$  $-3 \leqq x \leqq 13$

よって, 共通部分は $-3 \leqq x \leqq 1$, $5 \leqq x \leqq 13$

これを満たす整数は $-3$, $-2$, $-1$, 0, 1, 5, 6, 7, 8, 9, 10, 11, 12, 13 の 14 個ある。

(2) $a > 0$ だから, $a|x-5| \leqq 8$ の解は,

$-\dfrac{8}{a}+5 \leqq x \leqq \dfrac{8}{a}+5$

$\dfrac{8}{a}+5$ と $-\dfrac{8}{a}+5$ は, 数直線上では 5 を中心として

対称な位置にあるから, 図のように, $\dfrac{8}{a}+5$ が

$9 \leqq \dfrac{8}{a}+5 < 10$ となれば $-\dfrac{8}{a}+5$ は $0 < -\dfrac{8}{a}+5 \leqq 1$

にあることになり, 共通部分に整数 1, 5, 6, 7, 8, 9 の 6 個を含むから条件を満たす。

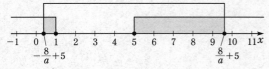

よって, $9 \leqq \dfrac{8}{a}+5 < 10$ より, $\dfrac{8}{5} < a \leqq 2$

**4** $-2 < a < 4$

**解説**

$x^2+2ax+a^2-4a-9 < 0$ に $x=1$ を代入した不等式が成り立てばよい。

$1+2a+a^2-4a-9 < 0$ より, $a^2-2a-8 < 0$

$(a+2)(a-4) < 0$  よって, $-2 < a < 4$

**5** $0 \leqq a \leqq 2$

**解説**

$f(x)=x^2-(a+1)x+a=(x-1)(x-a)$ だから,

$f(x) < 0$ は $a \neq 1$ のときは $1 < x < a$ または

$a < x < 1$ が解となる。

$f(x) < 0$ が整数解をもたないのは,

(i) $a > 1$ のとき,

　$1 < x < a$ より, $1 < a \leqq 2$

(ii) $a < 1$ のとき,

　$a < x < 1$ より, $0 \leqq a < 1$

(iii) $a = 1$ のとき,

　$f(x)=(x-1)^2 < 0$ は解をもたない。

以上より, 求める $a$ の値の範囲は, $0 \leqq a \leqq 2$

# 16 2次不等式 ②  (pp.34〜35)

☑ **基礎Check**

**1** (1) $-3-3\sqrt{5} < x < -3+3\sqrt{5}$

　　(2) $-9 < a \leqq -7$

**2** $0 < a < 4$

**解説**

**1** (1) $x^2+6x-36=0$ の解は $x=-3 \pm 3\sqrt{5}$

だから, $x^2+6x-36 < 0$ の解は,

$-3-3\sqrt{5} < x < -3+3\sqrt{5}$

(2) $5x-3 < 3x+a$ の解は, $x < \dfrac{a+3}{2}$

①, ②の解の共通部分に含まれる整数の個数が

7 個になるのは, $-3 < \dfrac{a+3}{2} \leqq -2$ となるとき

であるから, 求める $a$ の値の範囲は,

$-9 < a \leqq -7$

**2** 2 次方程式 $x^2+2ax+4a=0$ が実数解をもたない

ときだから, $\dfrac{D}{4}=a^2-4a < 0$

$a(a-4) < 0$  よって, $0 < a < 4$

**1** (1) $-1-\sqrt{3}<x<-1+\sqrt{3}$

(2) $x<a-1,\ a+1<x$

(3) $a\geqq\sqrt{3}$, $a\leqq-2-\sqrt{3}$

**解説**

(1) $x^2+2x-2=0$ の解は $x=-1\pm\sqrt{3}$ だから，

①の解は，$-1-\sqrt{3}<x<-1+\sqrt{3}$

(2) $x^2-2ax+a^2-1>0$ の左辺を因数分解して，

$\{x-(a-1)\}\{x-(a+1)\}>0$

ここで，$a+1>a-1$ であるから，

②の解は，$x<a-1,\ a+1<x$

(3) ①の解の範囲が②の解の範囲に含まれればよい。

$-1+\sqrt{3}\leqq a-1$ または，$-1-\sqrt{3}\geqq a+1$ であれ

ばよいから，

求める $a$ の値の範囲は，

$a\geqq\sqrt{3}$ または $a\leqq-2-\sqrt{3}$ である。

**2** $-\dfrac{2}{3}$

**解説**

$f(x)=mx^2+(m-2)x+(m-2)$ とおく。

(i) $m=0$ のとき，$f(x)=-2x-2$ となり，

すべての実数 $x$ に対して $f(x)<0$ が成り立つとは

限らない。

(ii) $m\neq0$ のとき，すべての実数 $x$ に対して $f(x)<0$

となる条件は，$m<0$ かつ $D<0$

$D=(m-2)^2-4m(m-2)<0$ より，

$-3m^2+4m+4<0$

$(3m+2)(m-2)>0$

よって，$m<-\dfrac{2}{3},\ 2<m$

$m<0$ とあわせて，$m<-\dfrac{2}{3}$

(i)，(ii) より，$m<-\dfrac{2}{3}$

> **Point**
>
> すべての実数 $x$ に対して $ax^2+bx+c<0$ とな
> る条件は，
>
> $a<0$ かつ $b^2-4ac<0$

**3** $a<-15$

**解説**

$f(x)=x^2-(8x+a)=(x-4)^2-a-16$ とおく。

$-2\leqq x\leqq3$ のとき，$f(x)>0$ であればよい。

$f(x)$ は $x=3$ のとき最小値 $f(3)=-15-a$ をとる

から，求める $a$ の値の範囲は，$-15-a>0$

よって，$a<-15$

**4** $a>0$ かつ $b^2-a<0$

**解説**

$a<0$ のとき，2次不等式 $ax^2+2bx+1\leqq0$ は必ず解

をもつ。

$a>0$ のとき，2次方程式 $ax^2+2bx+1=0$ が実数解

をもたないことが条件だから，

$\dfrac{D}{4}=b^2-a<0$

よって，求める条件は，$a>0$ かつ $b^2-a<0$

**5** $-2<a<6$

**解説**

$\dfrac{1}{2}\{g(x)-f(x)\}=x^2+(6-a)x-2a+12=h(x)$ とおく。

すべての実数 $x$ に対して $h(x)>0$ となればよいから，

求める $a$ の値の範囲は，

$D=(6-a)^2-4(-2a+12)<0$

$a^2-4a-12<0$　$(a+2)(a-6)<0$

よって，$-2<a<6$

# 17 グラフと方程式・不等式 ① (pp.36〜37)

**☑基礎Check**

**1** (1) $\dfrac{-1+\sqrt{5}}{2} < a \leqq 1$ (2) $a > 1$

**解説**

**1** (1)$f(x) = x^2 - 2ax - a + 1$

とおくと,

求める $a$ の値の範囲は,

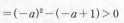

・(判別式)$>0$ より,

$\dfrac{D}{4}$

$= (-a)^2 - (-a+1) > 0$

$a < \dfrac{-1-\sqrt{5}}{2},\ \dfrac{-1+\sqrt{5}}{2} < a$ ……①

・$0 <$(軸)$< 2$ より, $0 < a < 2$ ……②

・$f(0) \geqq 0$ より, $-a+1 \geqq 0$

$a \leqq 1$ ……③

・$f(2) \geqq 0$ より, $4 - 4a - a + 1 \geqq 0$

$a \leqq 1$ ……④

①〜④の共通部分を求めて, $\dfrac{-1+\sqrt{5}}{2} < a \leqq 1$

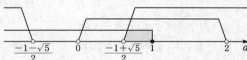

(2)求める $a$ の値の範囲は, $f(0) < 0$

よって,

$-a + 1 < 0$ $a > 1$

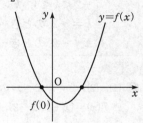

---

**Point**

**2次方程式の解の配置**

グラフをかいて,

・判別式　・軸の位置　・$f(a)$ の値

で判断する。

---

**1** (1) $1 < m < \dfrac{3}{2}$ (2) $m < -3$

(3) $m > \dfrac{3}{2}$

---

**解説**

$f(x) = 4x^2 - 4mx - 2m + 3$ とおく。

(1)求める $m$ の値の範囲は,

・(判別式)$>0$ より,

$\dfrac{D}{4}$

$= (-2m)^2 - 4(-2m+3) > 0$

$m^2 + 2m - 3 > 0$

$(m+3)(m-1) > 0$

$m < -3,\ 1 < m$ ……①

・(軸)$>0$ より, $\dfrac{m}{2} > 0$ $m > 0$ ……②

・$f(0) > 0$ より, $-2m + 3 > 0$ $m < \dfrac{3}{2}$ ……③

①〜③の共通部分を求めて, $1 < m < \dfrac{3}{2}$

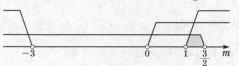

(2)求める $m$ の値の範囲は,

・(判別式)$>0$ より, (1)から,

$m < -3,\ 1 < m$ ……①

・(軸)$<0$ より, $\dfrac{m}{2} < 0$ $m < 0$ ……②

・$f(0) > 0$ より, $m < \dfrac{3}{2}$ ……③

①〜③の共通部分を求めて, $m < -3$

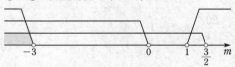

(3)求める $m$ の値の範囲は,

$f(0) < 0$

よって, $-2m + 3 < 0$

$m > \dfrac{3}{2}$

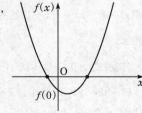

---

**Point**

**異符号の解をもつ条件**

2次方程式 $ax^2 + bx + c = 0$ が正の解と負の解

を1つずつもつ条件は,

$a > 0$ のとき $c < 0$, $a < 0$ のとき $c > 0$

---

$\boxed{2}$ (1) $a > \dfrac{3}{2}$  (2) $\dfrac{3}{2} < a < 2$

**解説**

(1) $f(x) = 6x^2 - 4ax + a$ とおく。

$f(x) = 0$ が異なる2つの実数解をもつ条件は、

(判別式) $> 0$ より、

$$\frac{D}{4} = 4a^2 - 6a = 2a(2a-3) > 0$$

よって、$a < 0$, $\dfrac{3}{2} < a$

$a > 0$ より、$a > \dfrac{3}{2}$ ……①

(2) $f(x) = 6\left(x - \dfrac{a}{3}\right)^2 - \dfrac{2}{3}a^2 + a$ より、軸 $x = \dfrac{a}{3}$

$-1 < \dfrac{a}{3} < 1$ だから、$-3 < a < 3$ ……②

$f(-1) = 6 + 5a > 0$ より、$a > -\dfrac{6}{5}$ ……③

$f(1) = 6 - 3a > 0$ より、$a < 2$ ……④

①〜④の共通部分を求めて、$\dfrac{3}{2} < a < 2$

$\boxed{3}$ $-2 < a < 2$

**解説**

$f(x) = x^2 + ax + a^2 - 4$ とおくと、求める $a$ の値の範囲は、$f(0) = a^2 - 4 < 0$

これより、$-2 < a < 2$

$\boxed{4}$ $-\dfrac{20}{11} < k < -1$

**解説**

$f(x) = x^2 - kx + \dfrac{3}{4}k + 1$ とおくと、求める $k$ の値の範囲は、

・(判別式) $> 0$ より、$D = (-k)^2 - 4\left(\dfrac{3}{4}k + 1\right) > 0$

$k^2 - 3k - 4 > 0$  $(k+1)(k-4) > 0$

$k < -1$, $4 < k$ ……①

・$-2 < ($軸$) < 1$ より、$-2 < \dfrac{k}{2} < 1$

$-4 < k < 2$ ……②

・$f(-2) > 0$ より、$4 + 2k + \dfrac{3}{4}k + 1 > 0$

$k > -\dfrac{20}{11}$ ……③

・$f(1) > 0$ より、$1 - k + \dfrac{3}{4}k + 1 > 0$

$k < 8$ ……④

①〜④の共通部分を求めて、$-\dfrac{20}{11} < k < -1$

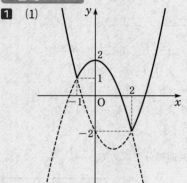

## 18 グラフと方程式・不等式 ② (pp.38〜39)

☑ 基礎Check

$\boxed{1}$ (1)

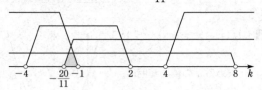

(2) $1 < k < 2$ のとき…4個

$k = 1$, $2$ のとき…3個

$-2 < k < 1$, $k > 2$ のとき…2個

$k = -2$ のとき…1個

$k < -2$ のとき…0個

**解説**

$\boxed{1}$ (1)・(2) $x \le -1$, $2 \le x$ のとき、

$f(x) = (x+1)(x-2) - x = x^2 - 2x - 2$

$= (x-1)^2 - 3$

$-1 < x < 2$ のとき、

$f(x) = -(x+1)(x-2) - x = -x^2 + 2$

よって、グラフは下の図の太線部分のようになり、直線 $y = k$ との共有点の数を調べて、

$k > 2$ のとき 2個、

$k = 2$ のとき 3個、

$1 < k < 2$ のとき 4個、

$k = 1$ のとき 3個、

$-2 < k < 1$ のとき 2個、

$k = -2$ のとき 1個、

$k < -2$ のとき 0個

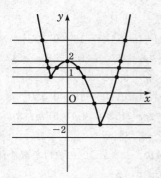

**1** (1) $x = 3 - \sqrt{10}$  (2) $6 < k < 10$

解説

$x \geq 5$ のとき，$f(x) = (x-1)(x-5) + 6$
$= x^2 - 6x + 11 = (x-3)^2 + 2$
$x < 5$ のとき，$f(x) = -(x-1)(x-5) + 6$
$= -x^2 + 6x + 1 = -(x-3)^2 + 10$
よって，$y = f(x)$ のグラフは次の図の太線部分のようになる。

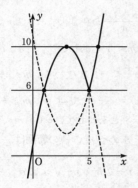

(1) グラフより，方程式 $f(x) = 0$ の解は，2次方程式 $-x^2 + 6x + 1 = 0$ の小さい方の解であることがわかるから，$x = 3 - \sqrt{10}$

(2) $y = f(x)$ と $y = k$ の共有点が3個になるのは，グラフより，$6 < k < 10$ のときである。

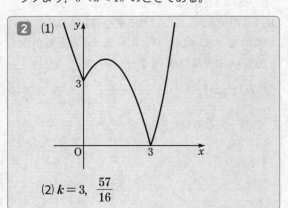

**2** (1)

(2) $k = 3,\ \dfrac{57}{16}$

解説

(1) (i) $x < 0$ のとき，$f(x) = (x-1)^2 + 2$
  (ii) $x \geq 0$ のとき，$f(x) = |(x-3)(x+1)|$

(2) $f(x) = \dfrac{x}{2} + k$ がちょうど3個の異なる実数解をもつのは，曲線 $y = f(x)$ と直線 $y = \dfrac{x}{2} + k$ の共有点の個数が3個となるときだから，次の図の2通り。

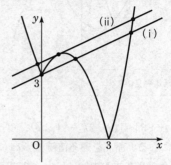

(i) 直線 $y = \dfrac{x}{2} + k$ が点 $(0,\ 3)$ を通るとき，

$3 = \dfrac{0}{2} + k$   $k = 3$

(ii) 直線 $y = \dfrac{x}{2} + k$ が曲線 $y = f(x)$ と $0 < x < 3$ で接するとき，

$-(x^2 - 2x - 3) = \dfrac{x}{2} + k$

$2x^2 - 3x + (2k - 6) = 0$ ……①

$D = 9 - 4 \cdot 2 \cdot (2k - 6) = 0$   $k = \dfrac{57}{16}$

①の解は $x = \dfrac{3}{4}$ となり，$0 < x < 3$ を満たす。

(i)，(ii) より，$k = 3,\ \dfrac{57}{16}$

**3** $1 < k < \dfrac{5}{4}$

解説

$f(x) = |x^2 - 1| + x$ とおいて，$y = f(x)$ と $y = k$ のグラフの共有点が4個になる場合を調べる。
$x \leq -1$，$1 \leq x$ のとき，

$f(x) = x^2 - 1 + x = \left(x + \dfrac{1}{2}\right)^2 - \dfrac{5}{4}$

$-1 < x < 1$ のとき，

$f(x) = -x^2 + 1 + x = -\left(x - \dfrac{1}{2}\right)^2 + \dfrac{5}{4}$

25

よって，グラフより，求める $k$ の値の範囲は，

$$1 < k < \frac{5}{4}$$

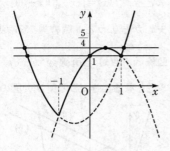

**4** $a = 4 - 2\sqrt{3}$

(解説)

$y = |x^2 - 4x + 3| = |(x-2)^2 - 1|$ より，グラフは下の図のようになる。原点を通る直線 $y = ax$ がこれと相異なる3点を共有するのは，$1 < x < 3$ で直線 $y = ax$ が曲線と接する場合である。

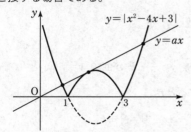

直線が接する部分の放物線の方程式は
$y = -x^2 + 4x - 3$ であるから，$-x^2 + 4x - 3 = ax$ が重解をもつ場合を考えればよい。
したがって，$x^2 + (a-4)x + 3 = 0$ の判別式より，
$D = (a-4)^2 - 4 \times 3 = 0$ $(a-4)^2 = 12$
$a - 4 = \pm 2\sqrt{3}$ $a = 4 \pm 2\sqrt{3}$
$a = 4 + 2\sqrt{3}$ のときは $1 < x < 3$ で重解をもたないので不適。よって，$a = 4 - 2\sqrt{3}$

# 19 グラフと方程式・不等式 ③ (pp.40〜41)

**☑基礎Check**

**1** (1)$-5 < m < 3$
　(2)$m < -5,\ 3 < m$
　(3)$-6 \leqq m \leqq 3$

---

(解説)

**1** (1)$D = \{-(m+1)\}^2 - 16 < 0$ より，
　$m^2 + 2m - 15 < 0$ $(m+5)(m-3) < 0$
　$-5 < m < 3$

(2)$D = \{-(m+1)\}^2 - 16 > 0$ より，
　$m^2 + 2m - 15 > 0$ $(m+5)(m-3) > 0$
　$m < -5,\ 3 < m$

(3)$f(x)$ の $-1 \leqq x \leqq 2$ における最小値が0以上であればよい。

$$f(x) = \left(x - \frac{m+1}{2}\right)^2 + 4 - \frac{(m+1)^2}{4}$$ であるから，

(i)$\frac{m+1}{2} \geqq 2$ すなわち，$m \geqq 3$ のとき，
　$f(2) = -2m + 6 \geqq 0$ より，$m \leqq 3$
　$m \geqq 3$ とあわせて，$m = 3$

(ii)$-1 \leqq \frac{m+1}{2} < 2$ すなわち，$-3 \leqq m < 3$ のとき，
　$4 - \frac{(m+1)^2}{4} \geqq 0$ より，$-5 \leqq m \leqq 3$
　$-3 \leqq m < 3$ とあわせて，$-3 \leqq m < 3$

(iii)$\frac{m+1}{2} < -1$ すなわち，$m < -3$ のとき，
　$f(-1) = m + 6 \geqq 0$ より，$m \geqq -6$
　$m < -3$ とあわせて，$-6 \leqq m < -3$
　よって，求める $m$ の値の範囲は，$-6 \leqq m \leqq 3$

---

**1** (1)$a \leqq 1 - \sqrt{5},\ 1 + \sqrt{5} \leqq a$
　(2)$a \leqq -\frac{\sqrt{6}}{2},\ a \geqq 2$

(解説)

(1)$\frac{D}{4} = a^2 - (2a^2 - 2a - 4) \leqq 0$ より，
　$a^2 - 2a - 4 \geqq 0$ $a \leqq 1 - \sqrt{5},\ 1 + \sqrt{5} \leqq a$

(2)$f(x)$ の $0 \leqq x \leqq 1$ における最小値が0以上であればよい。$f(x) = (x+a)^2 + a^2 - 2a - 4$ であるから，
　(i)$-a \geqq 1$ すなわち，$a \leqq -1$ のとき，
　$f(1) = 2a^2 - 3 \geqq 0$ $a \leqq -\frac{\sqrt{6}}{2},\ \frac{\sqrt{6}}{2} \leqq a$
　$a \leqq -1$ とあわせて，$a \leqq -\frac{\sqrt{6}}{2}$

(ii) $0 \leqq -a < 1$ すなわち，$-1 < a \leqq 0$ のとき，

$\quad f(-a) = a^2 - 2a - 4 \geqq 0$

$\quad a \leqq 1 - \sqrt{5},\ 1 + \sqrt{5} \leqq a$

$\quad$ これらは $-1 < a \leqq 0$ を満たさない。

(iii) $-a < 0$ すなわち，$a > 0$ のとき，

$\quad f(0) = 2a^2 - 2a - 4 \geqq 0 \quad a^2 - a - 2 \geqq 0$

$\quad a \leqq -1,\ 2 \leqq a$

$\quad a > 0$ とあわせて，$a \geqq 2$

よって，求める $a$ の値の範囲は，$a \leqq -\dfrac{\sqrt{6}}{2},\ a \geqq 2$

## 2 　$-2 < k < 3$

(解説)

$f(x) = x^2 - (k+2)x + 2(k+2)$ とおく。

$(3-k)f(x) > 0$ となるためには，$(3-k)$ と $f(x)$ がともに負，または $(3-k)$ と $f(x)$ がともに正のどちらかが成り立てばよい。

$f(x)$ のグラフは下に凸の放物線なので，すべての実数 $x$ に対して $f(x) < 0$ となるような $k$ は存在しない。

よって，$3 - k > 0$ かつ $f(x) > 0$ が成り立てばよい。

$f(x) = 0$ が実数解をもたないときだから，

$D = (k+2)^2 - 8(k+2) = (k+2)(k-6) < 0$

よって，$-2 < k < 6$

$k < 3$ とあわせて，$-2 < k < 3$

## 3 　$a > \dfrac{2}{3}$

(解説)

$f(x) = x^2 - ax - a - x = x^2 - (a+1)x - a$

$= \left(x - \dfrac{a+1}{2}\right)^2 - a - \dfrac{(a+1)^2}{4}$ とおくと，$0 \leqq x \leqq 2$ における $f(x)$ の最大値が $0$ 未満であればよい。

(i) $\dfrac{a+1}{2} \geqq 1$ すなわち，$a \geqq 1$ のとき，

$\quad f(0) = -a < 0$ より，$a > 0$

$\quad a \geqq 1$ とあわせて，$a \geqq 1$

(ii) $\dfrac{a+1}{2} < 1$ すなわち，$a < 1$ のとき，

$\quad f(2) = -3a + 2 < 0$ より，$a > \dfrac{2}{3}$

$\quad a < 1$ とあわせて，$\dfrac{2}{3} < a < 1$

よって，求める $a$ の値の範囲は，$a > \dfrac{2}{3}$

## 4 　(1) $-3$　(2) $5$　(3) $-3$　(4) $13$

(解説)

$h(x) = f(x) - g(x)$

$= (x^2 + 2x - 2) - (-x^2 + 2x + a + 1)$

$= 2x^2 - a - 3$

(1) すべての実数 $x$ に対して

$\quad f(x) > g(x)$ つまり $h(x) > 0$

となるのは，

$(h(x)$ の最小値$) = h(0) = -a - 3 > 0$

であるから，$a < -3$

(2) $-2 \leqq x \leqq 2$ のすべての実数 $x$ に対して，

$\quad f(x) < g(x)$ つまり $h(x) < 0$ となるのは，

$(h(x)$ の最大値$) = h(-2) = h(2) = 5 - a < 0$

であるから，$a > 5$

(3) $-2 \leqq x \leqq 2$ において，$f(x) < g(x)$ つまり $h(x) < 0$

となる $x$ が少なくとも $1$ つ存在するのは，

$h(0) = -a - 3 < 0$

であるから，$a > -3$

(4) $-2 \leqq x \leqq 2$ において，

$(f(x)$ の最大値$) < (g(x)$ の最小値$)$ であればよい。

$f(x) = (x+1)^2 - 3$ より，

最大値は $f(2) = 6$

$g(x) = -(x-1)^2 + a + 2$ より，

最小値は $g(-2) = a - 7$

よって，$6 < a - 7 \quad a > 13$

## 第3章 集合と命題

## 20 集合と命題 ① (pp.42〜43)

☑ 基礎Check

**1** (1) $\{15,\ 30\}$

(2) $\{2,\ 3,\ 5,\ 7,\ 10,\ 11,\ 13,\ 15,\ 17,\ 19,$
$20,\ 23,\ 25,\ 29,\ 30\}$

(3) $\{1,\ 4,\ 6,\ 8,\ 9,\ 12,\ 14,\ 16,\ 18,\ 21,$
$22,\ 24,\ 26,\ 27,\ 28\}$

**2** $-1 \leqq k \leqq 3$

解説

**1** (3) ド・モルガンの法則より，$\overline{B} \cap \overline{C} = \overline{B \cup C}$

**2** 下の図のようになればよい。求める $k$ の値の範囲は，

$k \geqq -1$ かつ $k+2 \leqq 5$

よって，$-1 \leqq k \leqq 3$

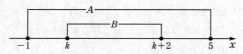

**1** (1) $\{x \mid x \geqq 0\}$

(2) $\{x \mid 2-\sqrt{5} < x < 2+\sqrt{5}\}$

(3) $\{x \mid x \geqq 2+\sqrt{5}\}$

(4) $\{x \mid 2-\sqrt{5} < x < 0\}$

解説

(1) $P$ は，$x \geqq 3$ のとき，$x-3 \geqq -2x+3$　$x \geqq 2$

$x \geqq 3$ とあわせて，$x \geqq 3$

$x < 3$ のとき，$-x+3 \geqq -2x+3$　$x \geqq 0$

$x < 3$ とあわせて，$0 \leqq x < 3$

したがって，$P = \{x \mid x \geqq 0\}$

(2) $Q = \{x \mid x \leqq 2-\sqrt{5},\ 2+\sqrt{5} \leqq x\}$ だから，

$\overline{Q} = \{x \mid 2-\sqrt{5} < x < 2+\sqrt{5}\}$

(4) $\overline{P \cup Q} = \overline{P} \cap \overline{Q}$

$= \{x \mid x < 0$ かつ $2-\sqrt{5} < x < 2+\sqrt{5}\}$

$= \{x \mid 2-\sqrt{5} < x < 0\}$

**2** (1)① 1 ② 2 (2)① 1 ② 3 ③ 1 ④ 2

解説

(1) $x^2 - 3x + 2 \leqq 0$ より，$1 \leqq x \leqq 2$

よって，$A = \{x \mid 1 \leqq x \leqq 2\}$

$x^2 - (a+1)x + a \leqq 0$ より，$(x-1)(x-a) \leqq 0$

よって，

$a \geqq 1$ のとき，$B = \{x \mid 1 \leqq x \leqq a\}$

$a < 1$ のとき，$B = \{x \mid a \leqq x \leqq 1\}$

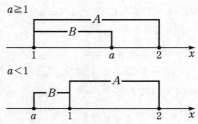

したがって，$B \subset A$ となるのは，$1 \leqq a \leqq 2$

(2) $a = 3$ のとき，$B = \{x \mid 1 \leqq x \leqq 3\}$ であるから，

$B \cup A = \{x \mid 1 \leqq x \leqq 3\}$，　$B \cap A = \{x \mid 1 \leqq x \leqq 2\}$

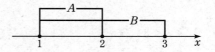

**3** (1) $0 < a < \dfrac{1}{2}$　(2) $a \leqq -2$

解説

2 次不等式 $ax^2 - 3a^2x + 2a^3 \leqq 0$ の解は，

$a > 0$ のとき，$x^2 - 3ax + 2a^2 \leqq 0$

$(x-a)(x-2a) \leqq 0$　$a \leqq x \leqq 2a$

$a < 0$ のとき，$(x-a)(x-2a) \geqq 0$　$x \leqq 2a,\ a \leqq x$

$x^2 + x - 2 \geqq 0$ の解は，$x \leqq -2,\ 1 \leqq x$

(1) $A \cap B$ が空集合となるのは，

$a > 0$ のとき，$a > -2$ かつ $2a < 1$

これより，$0 < a < \dfrac{1}{2}$

$a < 0$ のときは空集合になることはない。

したがって，求める $a$ の値の範囲は，$0 < a < \dfrac{1}{2}$

(2) $A \cup B$ が実数全体の集合になるのは，

$a > 0$ のとき，$a \leqq -2$ かつ $2a \geqq 1$

これを満たす $a$ は存在しない。

$a < 0$ のとき，$2a \geqq 1$ または $a \leqq -2$

これより，$a \leqq -2$

したがって，求める $a$ の値の範囲は，$a \leqq -2$

**4** $a = 5,\ b = -3,\ c = 4$

解説

$B = C$ より，

$2c - a - 1 = 2$ ……①

$2c + b - 2 = 3$ ……②

$B \subset A$ より，$c - 1 = 3$ ……③

③より，$c = 4$

①，②に代入して，それぞれ，

$a = 2c - 3 = 5$，　$b = -2c + 5 = -3$

# 21 集合と命題 ②　　(pp.44〜45)

☑ 基礎Check

**1** (逆)「$x>0$ かつ $y>0$ ならば
　　　　　$x+y>0$ である」…真
　　(裏)「$x+y≦0$ ならば
　　　　　$x≦0$ または $y≦0$ である」…真
　　(対偶)「$x≦0$ または $y≦0$ ならば
　　　　　$x+y≦0$ である」…偽

**2** (1)ア　(2)エ　(3)エ　(4)イ

解説

**1** 「$p$ かつ $q$」の否定は「$\bar{p}$ または $\bar{q}$」である。

**2** (1)「$x+y>0 \implies x>0$ かつ $y>0$」は成り立たないが，「$x+y>0 \impliedby x>0$ かつ $y>0$」は成り立つ。

(3)$c≦0$ の場合，「$a>b \implies ac>bc$」
　「$a>b \impliedby ac>bc$」はともに成り立たない。

(4)「$a>0 \implies \sqrt{a^2}=a$」は成り立つが，
　「$\sqrt{a^2}=a \implies a>0$」は成り立たない。
　（反例：$a=0$）

**Point**

「$p$ ならば $q$」が真
→ $p$ は $q$ であるための**十分条件**
「$q$ ならば $p$」が真
→ $p$ は $q$ であるための**必要条件**

**1** (1)真，真　(2)真，偽　(3)真，偽
　　(4)真，偽

解説

反例を1つずつあげると，
(2)$x=\sqrt{2}$，$y=-\sqrt{2}$ のとき，$xy$ は有理数であるが，$x$ も $y$ も有理数ではない。

(3)$x=1$，$y=0$ のとき，$xy=0$ であるが，$x$ は0ではない。

(4)$x=-1$，$y=-1$ のとき，$x<0$ または $y<0$ であるが，$xy<0$ ではない。

**2** (1) $x≧3$ かつ $y≧3$ ならば $xy≧9$
　　(2) $x+y<10$ ならば $x<5$ または $y<5$

解説

「$p$ かつ $q$」の否定は「$\bar{p}$ または $\bar{q}$」，「$p$ または $q$」の否定は「$\bar{p}$ かつ $\bar{q}$」である。

**3** (1)ウ　(2)ア　(3)イ

解説

(1)$4n^2-16n+15<0$ の解は $\dfrac{3}{2}<n<\dfrac{5}{2}$ であり，この範囲に含まれる自然数は $n=2$ のみであるから，
$4n^2-16n+15<0 \implies n=2$ は真。
$n=2 \implies 4n^2-16n+15<0$ も真。
よって，$4n^2-16n+15<0$ は，$n=2$ であるための必要十分条件である。

(2)$3x^2-8x+4=0$ の解は $x=\dfrac{2}{3}$，2 であるから，
$x=2 \implies 3x^2-8x+4=0$ は真。
$3x^2-8x+4=0 \implies x=2$ は偽$\left(反例：x=\dfrac{2}{3}\right)$。
よって，$x=2$ は，$3x^2-8x+4=0$ であるための十分条件である。

(3)$x(y^2-1)=0$ の解は，$x=0$，$y=\pm1$ であるから，
$x(y^2-1)=0 \implies x=0$ は偽（反例：$y=1$）。
$x=0 \implies x(y^2-1)=0$ は真。
よって，$x(y^2-1)=0$ は，$x=0$ であるための必要条件である。

**4** (1)ウ　(2)ア

解説

(1)$k$，$l$ を自然数とする。

(i)$m$，$n$ のどちらか一方のみが偶数で，もう一方が奇数のとき
　偶数である方を $2k$，奇数である方を $2l-1$ とすると，
　$m^2+n^2=4k^2+4l^2-4l+1=4(k^2+l^2-l)+1$
　となり，4で割ると1余る。

(ii)$m$，$n$ がともに偶数のとき
　それぞれを $2k$，$2l$ とすると，
　$m^2+n^2=4k^2+4l^2=4(k^2+l^2)$
　となり，4で割り切れる。

(iii)$m$，$n$ がともに奇数のとき
　それぞれを $2k-1$，$2l-1$ とすると，
　$m^2+n^2=4k^2-4k+1+4l^2-4l+1$
　$=4(k^2+l^2-k-l)+2$
　となり，4で割ると2余る。

ここで，命題「$m^2+n^2$ を4で割ると2余るならば，$m$，$n$ はともに奇数である」の対偶は，

「$m$ または $n$ が偶数であるならば，$m^2+n^2$ を 4 で割ると余りは 0，1，3 のいずれかである」となる。

(i)(ii)より，対偶は示されたので，十分条件である。

また，(iii)より「$m$，$n$ がともに奇数であるならば，$m^2+n^2$ を 4 で割ると 2 余る」が示されたので，必要条件でもある。

(2)たとえば $n=2$ のとき，$n^2$ を 3 で割ると 1 余るが，$n$ を 3 で割ると 2 余る。

---

**5** この命題の対偶「$k$ が 3 の倍数でないならば $k^2$ は 3 の倍数でない」を示す。

$k$ が 3 の倍数でないとき，$m$ をある整数として，$k=3m+1$ または $k=3m+2$ と表される。

$k=3m+1$ のとき，
$k^2=(3m+1)^2=9m^2+6m+1$
$=3(3m^2+2m)+1$
であるから $k^2$ は 3 の倍数でない。

$k=3m+2$ のとき，
$k^2=(3m+2)^2=9m^2+12m+4$
$=3(3m^2+4m+1)+1$
であるから $k^2$ は 3 の倍数でない。

よって，題意は示された。

**解説**

命題とその対偶の真偽が一致することから，直接証明しにくいときは，対偶を考えてみるとうまくいく場合がある。

---

## 第 4 章　図形と計量

## 22 三角比の相互関係　(pp.46〜47)

☑ **基礎Check**

**1** (1) $\dfrac{2\sqrt{2}}{3}$　(2) $\dfrac{\sqrt{2}}{4}$　(3) $\dfrac{2\sqrt{2}}{3}$

**2** (1) $-\dfrac{3}{8}$　(2) $-\dfrac{8}{3}$

**解説**

**1** (1)$\sin^2\theta+\cos^2\theta=1$ より，

$$\cos^2\theta=1-\sin^2\theta=1-\frac{1}{9}=\frac{8}{9}$$

$0°<\theta<90°$ のとき，$\cos\theta>0$ だから，

$$\cos\theta=\sqrt{\frac{8}{9}}=\frac{2\sqrt{2}}{3}$$

(2)$\tan\theta=\dfrac{\sin\theta}{\cos\theta}=\dfrac{1}{3}\div\dfrac{2\sqrt{2}}{3}=\dfrac{1}{2\sqrt{2}}=\dfrac{\sqrt{2}}{4}$

(3)$\sin(90°-\theta)=\cos\theta=\dfrac{2\sqrt{2}}{3}$

**2** (1)$\sin\theta+\cos\theta=\dfrac{1}{2}$ の両辺を 2 乗すると，

$$\sin^2\theta+2\sin\theta\cos\theta+\cos^2\theta=\frac{1}{4}$$

$\sin^2\theta+\cos^2\theta=1$ であるから，

$$1+2\sin\theta\cos\theta=\frac{1}{4}$$

これより，$\sin\theta\cos\theta=-\dfrac{3}{8}$

(2)$\tan\theta+\dfrac{1}{\tan\theta}=\dfrac{\sin\theta}{\cos\theta}+\dfrac{\cos\theta}{\sin\theta}$

$=\dfrac{\sin^2\theta+\cos^2\theta}{\sin\theta\cos\theta}=\dfrac{1}{\sin\theta\cos\theta}=-\dfrac{8}{3}$

---

**Point**

**$90°-\theta$ の三角比**

$0°<\theta<90°$ のとき，

$\sin(90°-\theta)=\cos\theta$，$\cos(90°-\theta)=\sin\theta$，

$\tan(90°-\theta)=\dfrac{1}{\tan\theta}$

**$\sin\theta+\cos\theta$ と $\sin\theta\cos\theta$**

条件 $\sin\theta+\cos\theta=a$ が与えられたときは，両辺を 2 乗すると，$\sin\theta\cos\theta$ の値を求めることができる。

**1** $\dfrac{1+\sqrt{17}}{6}$

**解説**

$\sin\theta+\cos\theta=\dfrac{1}{3}$ より，$\cos\theta=\dfrac{1}{3}-\sin\theta$

これを $\sin^2\theta+\cos^2\theta=1$ に代入すると，

$\sin^2\theta+\left(\dfrac{1}{3}-\sin\theta\right)^2=1$

$9\sin^2\theta-3\sin\theta-4=0$

$0°\leqq\theta\leqq180°$ において，$0\leqq\sin\theta\leqq1$ だから，

$\sin\theta=\dfrac{1+\sqrt{17}}{6}$

**2** $\sqrt{5}-2$

**解説**

$\dfrac{1}{\cos^2\theta}=1+\tan^2\theta=1+\dfrac{1}{4}=\dfrac{5}{4}$ より，$\cos^2\theta=\dfrac{4}{5}$

$0°<\theta<90°$ のとき，$\cos\theta>0$ だから，$\cos\theta=\dfrac{2}{\sqrt{5}}$

このとき，

$\sin\theta=\cos\theta\tan\theta=\dfrac{2}{\sqrt{5}}\cdot\dfrac{1}{2}=\dfrac{1}{\sqrt{5}}$

よって，

$\dfrac{\sin\theta}{1+\cos\theta}=\dfrac{\dfrac{1}{\sqrt{5}}}{1+\dfrac{2}{\sqrt{5}}}=\dfrac{1}{\sqrt{5}+2}=\sqrt{5}-2$

**3** $\dfrac{9}{32}$

**解説**

$\dfrac{1}{\cos^2\theta}=1+\tan^2\theta=1+\dfrac{16}{9}=\dfrac{25}{9}$ より，$\cos^2\theta=\dfrac{9}{25}$

$0°<\theta<90°$ のとき，$\cos\theta>0$ だから，$\cos\theta=\dfrac{3}{5}$

このとき，$\sin\theta=\cos\theta\tan\theta=\dfrac{3}{5}\cdot\dfrac{4}{3}=\dfrac{4}{5}$

求める式の分子は，

$\cos\theta-\dfrac{1}{\tan\theta}=\dfrac{3}{5}-\dfrac{3}{4}=-\dfrac{3}{20}$

求める式の分母は，

$\sin\theta-\tan\theta=\dfrac{4}{5}-\dfrac{4}{3}=-\dfrac{8}{15}$

よって，求める式の値は，

$\left(-\dfrac{3}{20}\right)\div\left(-\dfrac{8}{15}\right)=\dfrac{9}{32}$

**Point**

**$\theta+90°$，$180°-\theta$ の三角比**

$0°\leqq\theta\leqq90°$ のとき，

$\sin(\theta+90°)=\cos\theta$，$\cos(\theta+90°)=-\sin\theta$，

$\tan(\theta+90°)=-\dfrac{1}{\tan\theta}$ （$\theta\neq0°$，$90°$）

$0°\leqq\theta\leqq180°$ のとき，

$\sin(180°-\theta)=\sin\theta$，$\cos(180°-\theta)=-\cos\theta$，

$\tan(180°-\theta)=-\tan\theta$ （$\theta\neq90°$）

**4** $\dfrac{1}{4}$

**解説**

条件式より，$\sin\theta+\cos\theta=2\sqrt{6}\sin\theta\cos\theta$

両辺を 2 乗すると，

$1+2\sin\theta\cos\theta=24(\sin\theta\cos\theta)^2$

ここで，$\sin\theta\cos\theta=x$ とおいて整理すると，

$24x^2-2x-1=0$　$(6x+1)(4x-1)=0$

$0°<\theta<90°$ のとき，$\sin\theta>0$，$\cos\theta>0$

したがって，$x=\sin\theta\cos\theta>0$ であるから，

$x=\dfrac{1}{4}$

**5** $\dfrac{5}{6}$

$7\sin\theta+\cos\theta=5$ より，$\cos\theta=5-7\sin\theta$

これを $\sin^2\theta+\cos^2\theta=1$ に代入すると，

$\sin^2\theta+(5-7\sin\theta)^2=1$

$50\sin^2\theta-70\sin\theta+24=0$

$2(5\sin\theta-3)(5\sin\theta-4)=0$

これより，$\sin\theta=\dfrac{3}{5}$，$\dfrac{4}{5}$

$\sin\theta=\dfrac{3}{5}$ のとき，$\cos\theta=5-\dfrac{21}{5}=\dfrac{4}{5}$

$\sin\theta=\dfrac{4}{5}$ のとき，$\cos\theta=5-\dfrac{28}{5}=-\dfrac{3}{5}$

$0°\leqq\theta\leqq90°$ のとき，$\cos\theta\geqq0$ だから，これは不適。

よって，$\sin\theta=\dfrac{3}{5}$，$\cos\theta=\dfrac{4}{5}$ であるから，求める式の値は，

$\dfrac{\dfrac{3}{5}}{1+\dfrac{4}{5}}+\dfrac{\dfrac{4}{5}}{1+\dfrac{3}{5}}=\dfrac{1}{3}+\dfrac{1}{2}=\dfrac{5}{6}$

## 23 三角比の応用 ①　　(pp.48〜49)

☑ 基礎Check

**1** (1) $\theta = 45°,\ 135°$　(2) $\theta = 120°$

**2** (1) $0° \leqq \theta < 30°,\ 150° < \theta \leqq 180°$

　　(2) $0° \leqq \theta < 45°,\ 90° < \theta \leqq 180°$

解説

**2** 単位円をかいて考える。

$\theta = 90°$ のとき，$\tan\theta$ は定義されない（値がない）ことに注意。

(1)

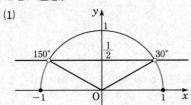

(2)

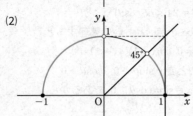

**1** $x = 30°,\ 150°$

解説

$\cos^2 x = 1 - \sin^2 x$ より，方程式は，

$9\sin x - 2(1 - \sin^2 x) - 3 = 0$

$2\sin^2 x + 9\sin x - 5 = 0$

$(\sin x + 5)(2\sin x - 1) = 0$

$0° \leqq x \leqq 180°$ において，$0 \leqq \sin x \leqq 1$ だから，

$\sin x = \dfrac{1}{2}$

よって，$x = 30°,\ 150°$

**2** $60° < x < 120°$

解説

$\cos^2 x = 1 - \sin^2 x$ より，不等式は，

$-(1 - \sin^2 x) + \dfrac{\sqrt{3}}{6}\sin x > 0$

$6\sin^2 x + \sqrt{3}\sin x - 6 > 0$

$(2\sqrt{3}\sin x - 3)(\sqrt{3}\sin x + 2) > 0$

$\sin x < -\dfrac{2}{\sqrt{3}},\ \sin x > \dfrac{3}{2\sqrt{3}} = \dfrac{\sqrt{3}}{2}$

$0° \leqq x \leqq 180°$ において，$0 \leqq \sin x \leqq 1$ だから，

$\sin x > \dfrac{\sqrt{3}}{2}$

これを満たす $x$ の値の範囲を求めると，

$60° < x < 120°$

**3** $-\sqrt{3} \leqq \tan\theta \leqq -\dfrac{1}{\sqrt{3}}$

解説

$\sin\theta \geqq \dfrac{1}{2}$，$\cos\theta \leqq -\dfrac{1}{2}$ を満たす $\theta$ の値の範囲は，下の図より，$120° \leqq \theta \leqq 150°$ である。

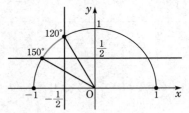

$\theta = 120°$ のとき，$\tan\theta = -\sqrt{3}$

$\theta = 150°$ のとき，$\tan\theta = -\dfrac{1}{\sqrt{3}}$ より，

求める $\tan\theta$ の値の範囲は，$-\sqrt{3} \leqq \tan\theta \leqq -\dfrac{1}{\sqrt{3}}$

**4** 5

解説

$90° < \theta < 180°$ より，$\cos\theta < 0$

よって，$\cos^2\theta \neq 0$

$10\cos^2\theta - 24\sin\theta\cos\theta - 5 = 0$ の両辺を $\cos^2\theta$ で割ると，$10 - 24\dfrac{\sin\theta}{\cos\theta} - \dfrac{5}{\cos^2\theta} = 0$

ここで，$\dfrac{\sin\theta}{\cos\theta} = \tan\theta$，$\dfrac{1}{\cos^2\theta} = 1 + \tan^2\theta$ であるから，

$10 - 24\tan\theta - 5(1 + \tan^2\theta) = 0$

$5\tan^2\theta + 24\tan\theta - 5 = 0$

$(5\tan\theta - 1)(\tan\theta + 5) = 0$

$90° < \theta < 180°$ だから，$\tan\theta < 0$ より，$\tan\theta = -5$

よって，$|\tan\theta| = 5$

$\boxed{5}$ (1) $\sin x + \cos x = \sqrt{2}$, $\sin x \cos x = \dfrac{1}{2}$

(2) $x = 45°$

**解説**

(1) $0° < x < 90°$ より, $0 < \sin x < 1$, $0 < \cos x < 1$

また, $\dfrac{1}{\sin x} + \dfrac{1}{\cos x} = 2\sqrt{2}$ より,

$\sin x + \cos x = 2\sqrt{2} \sin x \cos x$ ……①

$\sin x + \cos x = t$ とおくと, $t > 0$

$t^2 = \sin^2 x + 2\sin x \cos x + \cos^2 x = 1 + 2\sin x \cos x$

$2\sin x \cos x = t^2 - 1$

これを①に代入すると,

$t = \sqrt{2}(t^2 - 1)$

$\sqrt{2}t^2 - t - \sqrt{2} = 0$

$(t - \sqrt{2})(\sqrt{2}t + 1) = 0$

$t > 0$ であるから, $t = \sqrt{2}$

よって,

$\sin x + \cos x = \sqrt{2}$, $\sin x \cos x = \dfrac{(\sqrt{2})^2 - 1}{2} = \dfrac{1}{2}$

(2) (1)より, $\sin x + \cos x = \sqrt{2}$ であるから,

$\cos x = \sqrt{2} - \sin x$ ……②

また, $\sin x \cos x = \dfrac{1}{2}$ であり,

これに②を代入すると,

$\sin x(\sqrt{2} - \sin x) = \dfrac{1}{2}$

よって, $\sin^2 x - \sqrt{2} \sin x + \dfrac{1}{2} = 0$ より,

$\left(\sin x - \dfrac{1}{\sqrt{2}}\right)^2 = 0$  $\sin x = \dfrac{1}{\sqrt{2}}$

これを②に代入すると,

$\cos x = \sqrt{2} - \dfrac{1}{\sqrt{2}} = \dfrac{1}{\sqrt{2}}$

$0° < x < 90°$ より, $x = 45°$

# 24 三角比の応用 ②　　　(pp.50～51)

☑ **基礎Check**

$\boxed{1}$ (1) $f(t) = -4t^2 - 3t + 2a + 3$

(2) $-1 \leqq t \leqq 1$

(3) $-\dfrac{57}{32} < a \leqq -1$

**解説**

$\boxed{1}$ (1) $\sin^2 x = 1 - \cos^2 x$ より,

$y = 4(1 - \cos^2 x) - 3\cos x + 2a - 1$

$= -4\cos^2 x - 3\cos x + 2a + 3$

よって, $f(t) = -4t^2 - 3t + 2a + 3$

(2) $0° \leqq x \leqq 180°$ だから, $-1 \leqq \cos x \leqq 1$

よって, $-1 \leqq t \leqq 1$

(3) $t$ の値が1つ決まるごとに, それに対する $x$ の

値が1つ決まるので,

方程式 $-4t^2 - 3t + 2a + 3 = 0$ が

$-1 \leqq t \leqq 1$ の範囲に2つの実数解をもてばよい。

求める $a$ の値の範囲は,

・(判別式) $> 0$ より,

$D = (-3)^2 + 16(2a + 3) > 0$

$a > -\dfrac{57}{32}$ ……①

・$-1 < (軸) < 1$ について,

$f(t) = -4t^2 - 3t + 2a + 3$

$= -4\left(t + \dfrac{3}{8}\right)^2 + 2a + \dfrac{57}{16}$

より, 軸は $t = -\dfrac{3}{8}$ なので,

$-1 < (軸) < 1$ を満たす。

・$f(-1) \leqq 0$ より,

$2a + 2 \leqq 0$  $a \leqq -1$ ……②

・$f(1) \leqq 0$ より,

$2a - 4 \leqq 0$  $a \leqq 2$ ……③

①～③の共通部分を求めて,

$-\dfrac{57}{32} < a \leqq -1$

**1** $-1 \leqq a < 4$

**解説**

$\cos^2 x - 4\sin x + a = 0$ より,

$1 - \sin^2 x - 4\sin x + a = 0$

$\sin^2 x + 4\sin x - (a+1) = 0$

ここで, $\sin x = t \ (0 \leqq t \leqq 1)$ とし,

$f(t) = t^2 + 4t - (a+1)$ とおく。

$t$ の値が1つ決まるごとに, それに対する $x$ の値が2つ決まる(ただし, $t = 1$ のときは除く)ので, 求める条件は, 方程式 $f(t) = 0$ が $0 \leqq t < 1$ に実数解を1つだけもつときである。

$f(t) = t^2 + 4t - (a+1)$

$= (t+2)^2 - (a+5)$ の軸は

$t = -2$ だから,

$f(0) = -(a+1) \leqq 0$ より, $a \geqq -1$

$f(1) = 4 - a > 0$ より, $a < 4$

よって, 求める $a$ の値の範囲は, $-1 \leqq a < 4$

---

**2** (1) $\theta = 45°, \ 135°$ (2) $45° < \theta < 135°$
(3) $135° < \theta < 180°$

**解説**

(1) $f(x) = x^2 - 2x\cos\theta + \sin^2\theta$

$= (x - \cos\theta)^2 + \sin^2\theta - \cos^2\theta$ より,

最小値は $\sin^2\theta - \cos^2\theta$

$\sin^2\theta - \cos^2\theta = 1 - 2\cos^2\theta$ だから, 最小値が0の

とき, $\cos^2\theta = \dfrac{1}{2}$  $\cos\theta = \pm\dfrac{1}{\sqrt{2}}$

$0° \leqq \theta \leqq 180°$ より, $\theta = 45°, \ 135°$

(2) $\dfrac{D}{4} = (-\cos\theta)^2 - \sin^2\theta < 0$ より,

$2\cos^2\theta - 1 < 0$  $(\sqrt{2}\cos\theta + 1)(\sqrt{2}\cos\theta - 1) < 0$

$-\dfrac{1}{\sqrt{2}} < \cos\theta < \dfrac{1}{\sqrt{2}}$

これを満たす $\theta$ の値の範囲は, $45° < \theta < 135°$

(3) $\dfrac{D}{4} = (-\cos\theta)^2 - \sin^2\theta > 0$  $2\cos^2\theta - 1 > 0$

$(\sqrt{2}\cos\theta + 1)(\sqrt{2}\cos\theta - 1) > 0$

$\cos\theta < -\dfrac{1}{\sqrt{2}}, \ \dfrac{1}{\sqrt{2}} < \cos\theta$

これより, $0° \leqq \theta < 45°, \ 135° < \theta \leqq 180°$

(軸) $= \cos\theta < 0$  これより, $90° < \theta \leqq 180°$

$f(0) = \sin^2\theta > 0$  これより, $\theta \neq 0°, \ \theta \neq 180°$

よって, 求める $\theta$ の値の範囲は, $135° < \theta < 180°$

---

**3** $0 < a < 2, \ 2 < a \leqq 4$

**解説**

$8\sin^2\theta + 2(a-6)\sin\theta + 4 - a = 0$

$4(2\sin^2\theta - 3\sin\theta + 1) + (2a\sin\theta - a) = 0$

$4(2\sin\theta - 1)(\sin\theta - 1) + a(2\sin\theta - 1) = 0$

$(2\sin\theta - 1)(4\sin\theta + a - 4) = 0$

よって, $\sin\theta = \dfrac{1}{2}, \ \dfrac{-a+4}{4}$

$\sin\theta = \dfrac{1}{2}$ のとき, $0° \leqq \theta \leqq 180°$ で異なる2つの実数解をもつ。

よって, $8\sin^2\theta + 2(a-6)\sin\theta + 4 - a = 0$ が

$0° \leqq \theta \leqq 180°$ において異なる4つの実数解をもつのは, $\sin\theta = \dfrac{-a+4}{4} \neq \dfrac{1}{2}$ を満たし, $0° \leqq \theta \leqq 180°$ で異なる2つの実数解をもつときである。

よって, 右の図より,

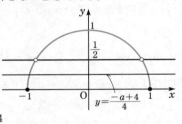

$0 \leqq \dfrac{-a+4}{4} < \dfrac{1}{2}$,

$\dfrac{1}{2} < \dfrac{-a+4}{4} < 1$

$0 < a < 2, \ 2 < a \leqq 4$

---

# 25 正弦定理と余弦定理 (pp.52～53)

**☑ 基礎Check**

**1** (1) $3\sqrt{2}$ (2) $3\sqrt{2}$

**2** (1) $\sqrt{21}$ (2) $\dfrac{\sqrt{21}}{7}$

**解説**

**1** 正弦定理より,

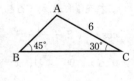

$\dfrac{6}{\sin 45°} = \dfrac{c}{\sin 30°} = 2R$

$6\sqrt{2} = 2c = 2R$

よって, $c = R = 3\sqrt{2}$

**2** (1) 余弦定理より,

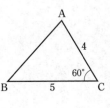

$c^2 = 5^2 + 4^2 - 2 \cdot 5 \cdot 4 \cdot \cos 60°$

$= 25 + 16 - 20 = 21$

$c > 0$ より, $c = \sqrt{21}$

(2) $\cos B = \dfrac{5^2 + (\sqrt{21})^2 - 4^2}{2 \cdot 5 \cdot \sqrt{21}}$

$= \dfrac{30}{10\sqrt{21}} = \dfrac{3}{\sqrt{21}} = \dfrac{\sqrt{21}}{7}$

**Point**

**正弦定理**

向かいあう 2 組の辺と
角の関係式

$$\frac{a}{\sin A}=\frac{b}{\sin B}$$

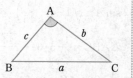

**余弦定理**

3 つの辺と 1 つの角の
関係式

$$a^2=b^2+c^2-2bc\cos A$$

---

**1** $\angle\mathrm{BAC}=60°$, （外接円の半径）$=\dfrac{7\sqrt{3}}{3}$

**解説**

余弦定理より，

$$\cos\angle\mathrm{BAC}=\frac{3^2+8^2-7^2}{2\cdot3\cdot8}=\frac{24}{48}=\frac{1}{2}$$

よって，$\angle\mathrm{BAC}=60°$

外接円の半径を $R$ とすると，正弦定理より，

$$\frac{7}{\sin60°}=2R \quad R=\frac{7}{\sqrt{3}}=\frac{7\sqrt{3}}{3}$$

---

**2** (1) 3　(2) 7　(3) 8　(4) $-\dfrac{1}{7}$　(5) $-4\sqrt{3}$

**解説**

(1)・(2)・(3) △ABC で正弦定理より，

$\sin A:\sin B:\sin C=3:7:8$ であるから，

$a=3k,\ b=7k,\ c=8k\ (k>0)$

(4) 最大辺は $c$ であるから，最大角は $C$ である。

よって，△ABC で余弦定理より，

$$\cos C=\frac{(3k)^2+(7k)^2-(8k)^2}{2\cdot3k\cdot7k}=-\frac{1}{7}$$

(5) $\sin C>0$ より，

$$\sin C=\sqrt{1-\left(-\frac{1}{7}\right)^2}=\sqrt{\frac{48}{49}}=\frac{4\sqrt{3}}{7}$$

よって，$\tan C=\dfrac{\sin C}{\cos C}=\dfrac{4\sqrt{3}}{7}\div\left(-\dfrac{1}{7}\right)=-4\sqrt{3}$

---

**3** (1) $\dfrac{3}{4}$　(2) $\dfrac{25}{8}$

**解説**

(1) $\tan^2 A=\dfrac{1}{\cos^2 A}-1=\dfrac{25}{16}-1=\dfrac{9}{16}$

$\cos A>0$ より，$\tan A>0$ だから，$\tan A=\dfrac{3}{4}$

---

(2) $AC=10$，$BC=6$，$\cos A=\dfrac{4}{5}$ より，

△ABC は図のように
$\angle\mathrm{ABC}=90°$
の直角三角形とわかる。
M は斜辺 AC の中点だから，
$BM=AM=CM=5$
△BCM の外接円の半径を $R$ とす

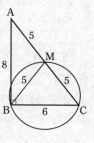

ると，正弦定理より，$\dfrac{5}{\sin C}=2R$

$$R=\frac{5}{\frac{4}{5}\cdot2}=\frac{25}{8}$$

---

**4** (1) 7　(2) $\dfrac{7\sqrt{3}}{3}$　(3) $\dfrac{21\sqrt{19}}{19}$

**解説**

(1) △BCD で余弦定理より，

$BD^2=5^2+3^2-2\cdot5\cdot3\cdot\cos120°=49$

$BD>0$ より，$BD=7$

(2) 円 O の半径を $R$ とすると，正弦定理より，

$$\frac{7}{\sin120°}=2R$$

$$R=\frac{7}{\frac{\sqrt{3}}{2}\cdot2}=\frac{7}{\sqrt{3}}=\frac{7\sqrt{3}}{3}$$

(3) $BE=DE$ より，△ABC と △ADC は面積が等しい。

$$\frac{1}{2}\cdot AB\cdot BC\cdot\sin\angle ABC=\frac{1}{2}\cdot AD\cdot DC\cdot\sin\angle ADC$$

$\sin\angle ADC=\sin(180°-\angle ABC)=\sin\angle ABC$ だから，

$5AB=3AD$　これより，$AB:AD=3:5$

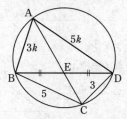

ここで，$AB=3k$，$AD=5k\ (k>0)$ とおいて，

△ABD で余弦定理を用いると，

$(3k)^2+(5k)^2-2\cdot3k\cdot5k\cdot\cos\angle BAD=7^2$

$\cos\angle BAD=\cos(180°-\angle BCD)=\cos60°=\dfrac{1}{2}$ より，

$19k^2=49 \quad k=\sqrt{\dfrac{49}{19}}=\dfrac{7\sqrt{19}}{19}$

よって，$AB=3k=\dfrac{21\sqrt{19}}{19}$

> **5** $\angle B = 90°$ の直角三角形

**解説**

$\triangle ABC$ の外接円の半径を $R$ とし，正弦定理，余弦定理を用いて，$\sin A = \sin B \cos C$ より，

$$\frac{a}{2R} = \frac{b}{2R} \cdot \frac{a^2 + b^2 - c^2}{2ab} \quad a = \frac{a^2 + b^2 - c^2}{2a}$$

$$a^2 + c^2 = b^2$$

よって，$\triangle ABC$ は $\angle B = 90°$ の直角三角形であることがわかる。

# 26 平面図形への応用 ①　　(pp.54〜55)

> ☑ **基礎Check**

**1** (1) $7\sqrt{2}$　(2) $\dfrac{15\sqrt{7}}{4}$

**2** $\sqrt{21}$

**解説**

**1** (1) $\triangle ABC = \dfrac{1}{2} \cdot 4 \cdot 7 \cdot \sin 45° = 7\sqrt{2}$

(2) $\cos B = \dfrac{6^2 + 4^2 - 5^2}{2 \cdot 6 \cdot 4} = \dfrac{27}{48} = \dfrac{9}{16}$ より，

$\sin B = \sqrt{1 - \left(\dfrac{9}{16}\right)^2} = \dfrac{5\sqrt{7}}{16}$

$\triangle ABC = \dfrac{1}{2} \cdot 6 \cdot 4 \cdot \dfrac{5\sqrt{7}}{16} = \dfrac{15\sqrt{7}}{4}$

**2** $AM = x$ とおくと，

$\triangle ABM$ で余弦定理より，

$\cos \angle AMB = \dfrac{4^2 + x^2 - 7^2}{2 \cdot 4 \cdot x}$

$= \dfrac{x^2 - 33}{8x}$

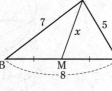

$\triangle ACM$ で余弦定理より，

$\cos \angle AMC = \dfrac{4^2 + x^2 - 5^2}{2 \cdot 4 \cdot x} = \dfrac{x^2 - 9}{8x}$

$\angle AMB + \angle AMC = 180°$ だから，

$\cos \angle AMB = \cos(180° - \angle AMC) = -\cos \angle AMC$

よって，$x^2 - 33 = -(x^2 - 9)$　$x^2 = 21$

$x > 0$ より，$x = \sqrt{21}$

---

**1** (1) $-\dfrac{1}{15}$　(2) $2\sqrt{14}$　(3) $\dfrac{2\sqrt{14}}{3}$

**解説**

(1) $\cos A = \dfrac{5^2 + 3^2 - 6^2}{2 \cdot 5 \cdot 3} = \dfrac{-2}{30} = -\dfrac{1}{15}$

(2) $\sin A = \sqrt{1 - \left(-\dfrac{1}{15}\right)^2} = \dfrac{4\sqrt{14}}{15}$ より，

$\triangle ABC = \dfrac{1}{2} \cdot 5 \cdot 3 \cdot \dfrac{4\sqrt{14}}{15} = 2\sqrt{14}$

(3) $\dfrac{1}{2} \cdot BC \cdot AH = 2\sqrt{14}$

が成り立つから，

$3AH = 2\sqrt{14}$

$AH = \dfrac{2\sqrt{14}}{3}$

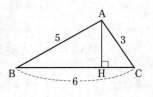

---

**2** (1) $120°$　(2) $\dfrac{7\sqrt{3}}{3}$　(3) $\dfrac{15}{8}$

**解説**

(1) $\cos A = \dfrac{3^2 + 5^2 - 7^2}{2 \cdot 3 \cdot 5} = \dfrac{-15}{30} = -\dfrac{1}{2}$ であるから，

$\angle A = 120°$

(2) (1)より，$\sin A = \dfrac{\sqrt{3}}{2}$ であるから，外接円の半径を $R$ とし，正弦定理を用いると，

$2R = \dfrac{7}{\dfrac{\sqrt{3}}{2}} = \dfrac{14\sqrt{3}}{3} \quad R = \dfrac{7\sqrt{3}}{3}$

(3) $\triangle ABC = \dfrac{1}{2} \cdot 3 \cdot 5 \cdot \dfrac{\sqrt{3}}{2}$

$= \dfrac{15\sqrt{3}}{4}$

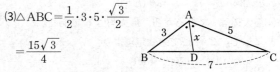

$AD = x$ とおくと，

$\triangle ABD = \dfrac{1}{2} \cdot 3 \cdot x \cdot \sin 60° = \dfrac{3\sqrt{3}}{4}x$

$\triangle ACD = \dfrac{1}{2} \cdot 5 \cdot x \cdot \sin 60° = \dfrac{5\sqrt{3}}{4}x$

$\triangle ABD + \triangle ACD = \triangle ABC$ だから，

$\dfrac{8\sqrt{3}}{4}x = \dfrac{15\sqrt{3}}{4}$

よって，$x = \dfrac{15}{8}$

> **Point**
> 角の二等分線の長さは，三角形の面積を考える。

**3** (1) $a > \dfrac{1}{2}$　(2) $\dfrac{\sqrt{3}}{2} < a < \dfrac{\sqrt{6}}{2}$

**解説**

(1)三角形の成立条件より,

$|(a+2)-a| < 2a+1 < (a+2)+a$

$2 < 2a+1 < 2a+2$

よって, $a > \dfrac{1}{2}$

(2) $a$, $a+2$, $2a+1$ の対角をそれぞれ $A$, $B$, $C$ とすると, 余弦定理より,

$\cos A = \dfrac{(a+2)^2+(2a+1)^2-a^2}{2 \cdot (a+2) \cdot (2a+1)}$

$A$ が鋭角となるのは $\cos A > 0$ のときであるから,

$(a+2)^2+(2a+1)^2-a^2 > 0$

$4a^2+8a+5 > 0$

$4(a+1)^2+1 > 0$

となり, これは常に成り立つ。

また, $B$ も同様にして,

$a^2+(2a+1)^2-(a+2)^2 > 0$

$4a^2-3 > 0$

$4\left(a+\dfrac{\sqrt{3}}{2}\right)\left(a-\dfrac{\sqrt{3}}{2}\right) > 0$

$a < -\dfrac{\sqrt{3}}{2}$, $\dfrac{\sqrt{3}}{2} < a$ ……①

さらに, $C$ も同様にして,

$a^2+(a+2)^2-(2a+1)^2 > 0$

$2a^2-3 < 0$

$2\left(a+\dfrac{\sqrt{6}}{2}\right)\left(a-\dfrac{\sqrt{6}}{2}\right) < 0$

$-\dfrac{\sqrt{6}}{2} < a < \dfrac{\sqrt{6}}{2}$ ……②

(1)より $a > \dfrac{1}{2}$ であるから,

①, ②より, $\dfrac{\sqrt{3}}{2} < a < \dfrac{\sqrt{6}}{2}$

# 27 平面図形への応用 ②　(pp.56〜57)

**☑ 基礎Check**

**1** (1) 13　(2) 15

**解説**

**1** (1)△ABC で余弦定理を用いて,

$AC^2 = 7^2+8^2-2 \cdot 7 \cdot 8 \cdot \cos 120° = 169$

$AC > 0$ より, $AC = 13$

(2)∠ABC + ∠ADC = 180° より, ∠ADC = 60°

CD = $x$ とすると, △ACD で余弦定理より,

$169 = 7^2+x^2-2 \cdot 7 \cdot x \cdot \cos 60°$

$x^2-7x-120 = 0$　$(x+8)(x-15) = 0$

$x > 0$ より, $x = 15$

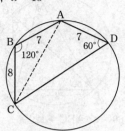

**Point**

円に内接する四角形 ABCD では,

∠B + ∠D = 180° を利用して, △ACD で**余弦定理**を考える。

**1** (1) $\dfrac{1}{5}$　(2) $\dfrac{\sqrt{385}}{5}$　(3) $2\sqrt{6}$

**解説**

(1)・(2)∠A = $\theta$ とすると, ∠C = 180° − $\theta$

△ABD で余弦定理より,

$BD^2 = 1^2+4^2-2 \cdot 1 \cdot 4 \cdot \cos\theta = 17-8\cos\theta$

△CBD で余弦定理より,

$BD^2 = 2^2+3^2-2 \cdot 2 \cdot 3 \cdot \cos(180°-\theta)$

$= 13-12\cos(180°-\theta) = 13+12\cos\theta$

よって, $17-8\cos\theta = 13+12\cos\theta$ より, $\cos\theta = \dfrac{1}{5}$

このとき, $BD^2 = 17-8\cos\theta = \dfrac{77}{5}$

$BD > 0$ より, $BD = \sqrt{\dfrac{77}{5}} = \dfrac{\sqrt{385}}{5}$

(3) $\sin A (= \sin C) = \sqrt{1-\left(\dfrac{1}{5}\right)^2} = \dfrac{2\sqrt{6}}{5}$ より,

$\triangle ABD = \dfrac{1}{2} \cdot 1 \cdot 4 \cdot \dfrac{2\sqrt{6}}{5} = \dfrac{4\sqrt{6}}{5}$

$\triangle CBD = \dfrac{1}{2} \cdot 2 \cdot 3 \cdot \dfrac{2\sqrt{6}}{5} = \dfrac{6\sqrt{6}}{5}$

四角形 ABCD = △ABD + △CBD = $2\sqrt{6}$

**解説**

(1)

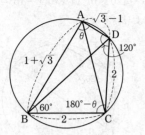

$\angle \text{ADC} = 180° - \angle \text{ABC} = 120°$

(2)△ABC で余弦定理より，

$$\begin{aligned}
\text{AC}^2 &= (1+\sqrt{3})^2 + 2^2 - 2(1+\sqrt{3}) \cdot 2 \cdot \cos 60° \\
&= 4 + 2\sqrt{3} + 4 - 2 - 2\sqrt{3} = 6
\end{aligned}$$

$\text{AC} > 0$ より，$\text{AC} = \sqrt{6}$

(3)△ACD で余弦定理より，

$$(\sqrt{6})^2 = \text{AD}^2 + 2^2 - 2\text{AD} \cdot 2 \cdot \cos 120°$$

$$\text{AD}^2 + 2\text{AD} - 2 = 0$$

$\text{AD} > 0$ より，$\text{AD} = \sqrt{3} - 1$

(4)△ABC で正弦定理より，

$$R = \frac{\sqrt{6}}{2\sin 60°} = \sqrt{2}$$

(5)四角形 ABCD の面積 $S$ は，

$$\begin{aligned}
S &= \triangle \text{ABC} + \triangle \text{ACD} \\
&= \frac{1}{2}(1+\sqrt{3}) \cdot 2 \cdot \sin 60° + \frac{1}{2}(\sqrt{3}-1) \cdot 2 \cdot \sin 120° \\
&= \frac{\sqrt{3}}{2}(1+\sqrt{3}) + \frac{\sqrt{3}}{2}(-1+\sqrt{3}) = 3
\end{aligned}$$

(6)$S = \triangle \text{ABD} + \triangle \text{BCD}$

$$\begin{aligned}
&= \frac{1}{2}(1+\sqrt{3})(-1+\sqrt{3})\sin\theta \\
&\quad + \frac{1}{2} \cdot 2 \cdot 2 \cdot \sin(180° - \theta) \\
&= \sin\theta + 2\sin\theta = 3\sin\theta
\end{aligned}$$

よって，$3\sin\theta = 3$　$\sin\theta = 1$

(7)(6)より，$\theta = 90°$

よって，BD は四角形 ABCD の外接円の直径で，

$$\text{BD} = 2R = 2\sqrt{2}$$

**解説**

(1)円に内接する正十二角形を，各頂点と円の中心とを結ぶ線分で 12 個の合同な二等辺三角形に分けると，その頂角は $360° \div 12 = 30°$ になるから，面積は，

$$\frac{1}{2} \cdot 1 \cdot 1 \cdot \sin 30° = \frac{1}{4}$$

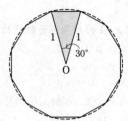

これより，正十二角形の面積は，$\frac{1}{4} \cdot 12 = 3$ である。

**Point**

多角形の面積は，いくつかの三角形に分けて考える。

(2)(1)と同様に 24 個の合同な二等辺三角形に分けると，その頂角は $360° \div 24 = 15°$ になる。

ここで，次の図のような $15°$ の角をもつ直角三角形を考える。

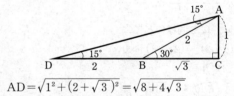

$$\begin{aligned}
\text{AD} &= \sqrt{1^2 + (2+\sqrt{3})^2} = \sqrt{8 + 4\sqrt{3}} \\
&= \sqrt{8 + 2\sqrt{12}} = \sqrt{6} + \sqrt{2}　\text{であるから，}
\end{aligned}$$

$$\sin 15° = \frac{1}{\sqrt{6} + \sqrt{2}} = \frac{\sqrt{6} - \sqrt{2}}{4}$$

よって，正二十四角形の面積は，

$$\frac{1}{2} \cdot 1 \cdot 1 \cdot \frac{\sqrt{6} - \sqrt{2}}{4} \cdot 24 = 3\sqrt{6} - 3\sqrt{2}$$

**Point**

$$\sin 15° = \frac{\sqrt{6} - \sqrt{2}}{4}, \quad \cos 15° = \frac{\sqrt{6} + \sqrt{2}}{4}$$

$$\sin 75° = \frac{\sqrt{6} + \sqrt{2}}{4}, \quad \cos 75° = \frac{\sqrt{6} - \sqrt{2}}{4}$$

は覚えておくと便利である。

**④** $\dfrac{3}{7}$ 倍

解説

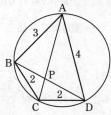

$$AP : PC = \triangle ABD : \triangle CBD$$
$$= \left(\dfrac{1}{2}\cdot 3\cdot 4\cdot \sin A\right) : \left(\dfrac{1}{2}\cdot 2\cdot 2\cdot \sin C\right)$$

$\sin A = \sin C$ より，$AP : PC = 3 : 1$

$$BP : PD = \triangle ABC : \triangle ADC$$
$$= \left(\dfrac{1}{2}\cdot 3\cdot 2\cdot \sin B\right) : \left(\dfrac{1}{2}\cdot 4\cdot 2\cdot \sin D\right)$$

$\sin B = \sin D$ より，$BP : PD = 3 : 4$

よって，

$$\triangle ABD = \dfrac{3}{4}\cdot 四角形ABCD$$

$$\triangle APD = \dfrac{4}{7}\cdot \triangle ABD = \dfrac{3}{7}\cdot 四角形ABCD$$

## 28 空間図形への応用 (pp.58〜59)

☑ 基礎Check

**①** (1) $\dfrac{9\sqrt{130}}{130}$　(2) $14$　(3) $\dfrac{12}{7}$

解説

**①** (1)三平方の定理より，

$AF = 2\sqrt{10}$，$FC = 2\sqrt{13}$，$AC = 2\sqrt{5}$ だから，

$$\cos\angle AFC = \dfrac{(2\sqrt{10})^2 + (2\sqrt{13})^2 - (2\sqrt{5})^2}{2\cdot 2\sqrt{10}\cdot 2\sqrt{13}}$$

$$\dfrac{72}{8\sqrt{130}} = \dfrac{9}{\sqrt{130}} = \dfrac{9\sqrt{130}}{130}$$

(2)$\sin\angle AFC = \sqrt{1 - \left(\dfrac{9}{\sqrt{130}}\right)^2} = \sqrt{\dfrac{49}{130}} = \dfrac{7}{\sqrt{130}}$

より，$\triangle AFC = \dfrac{1}{2}\cdot 2\sqrt{10}\cdot 2\sqrt{13}\cdot \dfrac{7}{\sqrt{130}} = 14$

(3)三角錐 B-AFC の体積は，

$$\dfrac{1}{3}\cdot \dfrac{1}{2}\cdot 4\cdot 2\cdot 6 = 8$$

よって，B から $\triangle AFC$ に下ろした垂線の長さ

を $h$ とすると，$\dfrac{1}{3}\cdot 14\cdot h = 8$

よって，$h = \dfrac{12}{7}$

Point

頂点から平面に下ろした垂線の長さは体積を利用して求めることがある。

**①** $\dfrac{\sqrt{30}}{4}$

解説

$AF = \sqrt{17}$，$FC = 3$，$AC = 4$ だから，

$$\cos\angle ACF = \dfrac{3^2 + 4^2 - (\sqrt{17})^2}{2\cdot 3\cdot 4} = \dfrac{8}{24} = \dfrac{1}{3}$$

$$\sin\angle ACF = \sqrt{1 - \left(\dfrac{1}{3}\right)^2} = \sqrt{\dfrac{8}{9}} = \dfrac{2\sqrt{2}}{3}$$

$$\triangle AFC = \dfrac{1}{2}\cdot 4\cdot 3\cdot \dfrac{2\sqrt{2}}{3} = 4\sqrt{2}$$

一方，三角錐 B-AFC の体積は，

$$\dfrac{1}{3}\cdot \dfrac{1}{2}\cdot 2\cdot 2\sqrt{3}\cdot \sqrt{5} = \dfrac{2\sqrt{15}}{3}$$

であるから，

$$\dfrac{2\sqrt{15}}{3} = \dfrac{1}{3}\cdot 4\sqrt{2}\cdot BP \quad BP = \dfrac{\sqrt{30}}{4}$$

**②** $\dfrac{4\sqrt{35}}{35}$

解説

計算がしやすいように，正四面体の 1 辺の長さを 6 とし，$CP = AQ = 2$ とする。

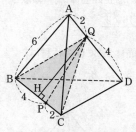

$\angle BAQ = 60°$ だから，$\triangle ABQ$ で余弦定理より，

$$BQ^2 = 6^2 + 2^2 - 2\cdot 6\cdot 2\cdot \cos 60° = 36 + 4 - 12 = 28$$

$BQ > 0$ より，$BQ = 2\sqrt{7}$

また，Q から BC に垂線 QH を下ろすと，$QB = QC$ より，$\triangle QBC$ は二等辺三角形であるから，H は BC の中点で，$BH = 3$

よって，$QH = \sqrt{(2\sqrt{7})^2 - 3^2} = \sqrt{19}$

$HP = 1$ だから，$QP = \sqrt{(\sqrt{19})^2 + 1^2} = 2\sqrt{5}$

以上のことから，$\triangle BPQ$ で余弦定理より，

$$\cos\angle BQP = \dfrac{(2\sqrt{7})^2 + (2\sqrt{5})^2 - 4^2}{2\cdot 2\sqrt{7}\cdot 2\sqrt{5}} = \dfrac{32}{8\sqrt{35}} = \dfrac{4\sqrt{35}}{35}$$

**3** (1) $\dfrac{\sqrt{7}}{14}$　(2) $\dfrac{5\sqrt{3}}{2}$

　　(3) $2\sqrt{2}$　(4) $\dfrac{4\sqrt{6}}{5}$

解説

(1) $BC^2 = 2^2 + 3^2 - 2\cdot2\cdot3\cdot\cos60° = 7$

　　$BC > 0$ より，$BC = \sqrt{7}$ だから，

　　$\cos\angle ABC = \dfrac{2^2 + (\sqrt{7})^2 - 3^2}{2\cdot2\cdot\sqrt{7}} = \dfrac{2}{4\sqrt{7}} = \dfrac{\sqrt{7}}{14}$

(2) △ABD は $30°$，$60°$，$90°$ の角を

　　もつ直角三角形だから，

　　$BD = 2\sqrt{3}$

　　△ACD で余弦定理より，

　　$CD^2 = 4^2 + 3^2 - 2\cdot4\cdot3\cdot\cos60° = 13$

　　$CD > 0$ より，$CD = \sqrt{13}$ だから，

　　$\cos\angle CBD = \dfrac{(2\sqrt{3})^2 + (\sqrt{7})^2 - (\sqrt{13})^2}{2\cdot2\sqrt{3}\cdot\sqrt{7}}$

　　$= \dfrac{6}{4\sqrt{21}} = \dfrac{3}{2\sqrt{21}} = \dfrac{\sqrt{21}}{14}$

　　$\sin\angle CBD = \sqrt{1 - \left(\dfrac{\sqrt{21}}{14}\right)^2} = \dfrac{5\sqrt{7}}{14}$

　　よって，△BCD の面積は，

　　$\dfrac{1}{2}\cdot2\sqrt{3}\cdot\sqrt{7}\cdot\dfrac{5\sqrt{7}}{14} = \dfrac{5\sqrt{3}}{2}$

(3) 1 辺が 4 である正四面体の体積は，

　　$\dfrac{\sqrt{2}}{12}\times4^3 = \dfrac{16\sqrt{2}}{3}$

　　よって，四面体 ABCD の体積は，

　　$\dfrac{16\sqrt{2}}{3}\cdot\dfrac{2}{4}\cdot\dfrac{3}{4} = 2\sqrt{2}$

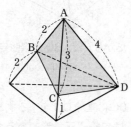

(4) A から △BCD に下ろした垂線の長さを $h$ とすると，

　　$\dfrac{1}{3}\cdot\dfrac{5\sqrt{3}}{2}\cdot h = 2\sqrt{2}$ より，

　　$h = \dfrac{4\sqrt{6}}{5}$

Point

**正四面体の体積**

1 辺の長さが $a$ の正四面体は，1 辺の長さが

$\dfrac{a}{\sqrt{2}}$ の立方体から合同な三角錐を 4 つ切り取っ

て得られる。

よって，体積は，

$\left(\dfrac{a}{\sqrt{2}}\right)^3 - \dfrac{1}{6}\cdot\left(\dfrac{a}{\sqrt{2}}\right)^3\cdot4$

$= \dfrac{1}{3}\cdot\dfrac{a^3}{2\sqrt{2}}$

$= \dfrac{\sqrt{2}}{12}a^3$

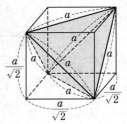

**4** (1)① $2\sqrt{3}$　② $2\sqrt{6}$　③ $18\sqrt{2}$

　　(2)① $3\sqrt{7}$　② $2$　③ $3\sqrt{2}$

解説

(1)① $\dfrac{6}{\sin60°} = 2R$ より，$R = 2\sqrt{3}$

　② 図のように，A から △BCD に垂線 AH を下ろすと，

　　△ABH ≡ △ACH ≡ △ADH

　　よって，BH = CH = DH だから，H は △BCD

　　の外接円の中心である。

　　BH = CH = DH = $2\sqrt{3}$

　　よって，AH = $\sqrt{6^2 - (2\sqrt{3})^2} = 2\sqrt{6}$

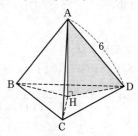

　③ △BCD の面積は，$\dfrac{1}{2}\cdot6\cdot6\cdot\sin60° = 9\sqrt{3}$ だから，

　　体積は，$\dfrac{1}{3}\cdot9\sqrt{3}\cdot2\sqrt{6} = 18\sqrt{2}$

(2) 面 ABC，面 ACD を展開すると，展開図において，

　　線分 MD と辺 AC との交点が P である。

　①MP＋PDの最小値＝線分 MD

　　$= \sqrt{3^2 + 6^2 - 2\cdot3\cdot6\cdot\cos120°} = 3\sqrt{7}$

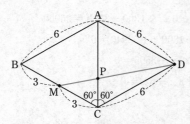

②AC＝6 で，AP：CP＝AD：CM＝6：3＝2：1
であるから，CP＝2

③四面体 PMCD＝四面体 ABCD・$\dfrac{1}{2}$・$\dfrac{1}{3}$

$\qquad$＝$18\sqrt{2}$・$\dfrac{1}{6}$＝$3\sqrt{2}$

**5** (1) $\dfrac{\sqrt{2}}{12}$　(2) $\dfrac{\sqrt{6}}{12}$　(3) $\dfrac{\sqrt{6}}{4}$　(4) 27

**解説**

(1) 1 辺の長さが 1 の正四面
体 ABCD について，頂
点 A から △BCD に垂線
AH を下ろすと，正四面
体の対称性より，点 H
は △BCD の外心である。
△BCD で正弦定理より，

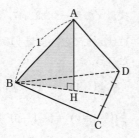

$$2BH＝\dfrac{1}{\sin 60°}$$

よって，BH＝$\dfrac{1}{2}$・1・$\dfrac{2}{\sqrt{3}}$＝$\dfrac{\sqrt{3}}{3}$

また，△ABH で三平方の定理より，

$$AH＝\sqrt{1^{2}-\left(\dfrac{\sqrt{3}}{3}\right)^{2}}＝\dfrac{\sqrt{6}}{3}$$

よって，正四面体 ABCD の体積 $V$ は，

$$V＝\dfrac{1}{3}△BCD・AH＝\dfrac{1}{3}・\dfrac{\sqrt{3}}{4}・\dfrac{\sqrt{6}}{3}＝\dfrac{\sqrt{2}}{12}$$

(2)・(3)

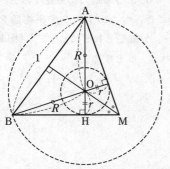

正四面体の対称性より，内接球 $O_1$ と外接球 $O_2$ の
中心は一致する。

また，球 $O_1$ の半径を $r$，球 $O_2$ の半径を $R$，中心を
O とする。

点 H は △BCD の重心でもあるから，辺 CD の中点
を M とすると，

BH：HM＝2：1

また，円の接線の性質より，線分 MO は ∠M の二
等分線であるから，

$R：r＝AO：OH＝AM：MH＝(2＋1)：1＝3：1$

よって，

$$r＝\dfrac{\sqrt{6}}{3}・\dfrac{1}{4}＝\dfrac{\sqrt{6}}{12}，\quad R＝\dfrac{\sqrt{6}}{3}・\dfrac{3}{4}＝\dfrac{\sqrt{6}}{4}$$

(4) 球 $O_1$ の体積を $V_1$，球 $O_2$ の体積を $V_2$ とすると，

$$V_1：V_2＝r^3：R^3＝1^3：3^3＝1：27$$

よって，球 $O_2$ の体積は球 $O_1$ の体積の 27 倍である。

## 第5章 データの分析
## 29 データの散らばりの大きさ (pp.60〜61)

**☑基礎Check**

**1** (1) 7 点 (2) 4 (3) 2 点 (4) 2 点

**解説**

**1** (1) $\bar{x} = \dfrac{1}{10}(2+6+6+6+8+8+8+8+9+9)$
$= 7(点)$

(2) $s^2 = \dfrac{1}{10}\{(2-7)^2+(6-7)^2+(6-7)^2+(6-7)^2$
$+(8-7)^2+(8-7)^2+(8-7)^2+(8-7)^2$
$+(9-7)^2+(9-7)^2\} = 4$

(3) $s = \sqrt{4} = 2(点)$

(4) 第1四分位数は6点，第3四分位数は8点である。

外れ値は，$6-1.5\times(8-6)=3(点)$ 以下の値，
または，$8+1.5\times(8-6)=11(点)$ 以上の値だから，2点である。

**1** 58

**解説**

平均点について，$\bar{x}\times60+\bar{y}\times40=60\times100$ より，
$3\bar{x}+2\bar{y}=300$ ……①

Xクラスのデータの値を $x_1$, $x_2$, ……, $x_{60}$,
Yクラスのデータの値を $y_1$, $y_2$, ……, $y_{40}$ とする。
Xクラスの分散について，

$\dfrac{1}{60}(x_1{}^2+x_2{}^2+\cdots\cdots+x_{60}{}^2)-\bar{x}^2=83$

よって，$x_1{}^2+x_2{}^2+\cdots\cdots+x_{60}{}^2=60\bar{x}^2+4980$ ……②

Yクラスの分散について，

$\dfrac{1}{40}(y_1{}^2+y_2{}^2+\cdots\cdots+y_{40}{}^2)-\bar{y}^2=78$

よって，$y_1{}^2+y_2{}^2+\cdots\cdots+y_{40}{}^2=40\bar{y}^2+3120$ ……③

100人の生徒の点数の分散について，

$\dfrac{1}{100}(x_1{}^2+x_2{}^2+\cdots\cdots+x_{60}{}^2+y_1{}^2+y_2{}^2+\cdots\cdots+y_{40}{}^2)-60^2$
$=87$

②，③を代入して，

$\dfrac{1}{100}(60\bar{x}^2+4980+40\bar{y}^2+3120)-60^2=87$

$60\bar{x}^2+4980+40\bar{y}^2+3120-360000=8700$

$60\bar{x}^2+40\bar{y}^2=360600$

$6\bar{x}^2+4\bar{y}^2=36060$

①より，$6\bar{x}^2+(300-3\bar{x})^2=36060$

$15\bar{x}^2-1800\bar{x}+53940=0$

$\bar{x}^2-120\bar{x}+3596=0$

$(\bar{x}-58)(\bar{x}-62)=0$

$\bar{x}=58,\ 62$

$\bar{x}=58$ のとき，$\bar{y}=\dfrac{300-3\times58}{2}=63$ で，$\bar{x}<\bar{y}$ を満たす。

$\bar{x}=62$ のとき，$\bar{y}=\dfrac{300-3\times62}{2}=57$ で，$\bar{x}<\bar{y}$ を満たさず不適。

よって，$\bar{x}=58$

**2** 6, 54

**解説**

変量 $x$ のデータ 38, 47, 50, 56, 59 を $y=\dfrac{x-50}{3}$ に代入すると，変量 $y$ のデータは $-4$, $-1$, 0, 2, 3 となる。

$\bar{y}=\dfrac{1}{5}(-4-1+0+2+3)=0$ より，変量 $y$ の分散は，

$\dfrac{1}{5}\{(-4-0)^2+(-1-0)^2+(0-0)^2+(2-0)^2+(3-0)^2\}$
$=6$

$x=3y+50$ より，変量 $x$ の分散は，$3^2\times6=54$

**Point**

**分散**

$s^2=\dfrac{1}{n}\{(x_1-\bar{x})^2+(x_2-\bar{x})^2+\cdots\cdots+(x_n-\bar{x})^2\}$
$=\overline{x^2}-(\bar{x})^2$

**変量の変換**

$a$, $b$ を定数とする。変量 $x$ のデータから
$y=ax+b$ によって新しい変量 $y$ のデータが得られるとき，$x$, $y$ のデータの**平均値**をそれぞれ $\bar{x}$, $\bar{y}$, **分散**をそれぞれ $s_x{}^2$, $s_y{}^2$, **標準偏差**をそれぞれ $s_x$, $s_y$ とすると，
$\bar{y}=a\bar{x}+b$, $s_y{}^2=a^2 s_x{}^2$, $s_y=|a|s_x$
である。

解説

(1)データ $x$, $y$, $z$ の平均値が 1 であるから，

$\dfrac{1}{3}(x+y+z)=1$

よって，$x+y+z=3$

データ $x$, $y$, $z$ の分散が 1 であるから，

$\dfrac{1}{3}\{(x-1)^2+(y-1)^2+(z-1)^2\}=1$ ……①

$x^2+y^2+z^2-2(x+y+z)+3=3$

よって，$x^2+y^2+z^2=2(x+y+z)=2\times3=6$

(2)$X=x-1$, $Y=y-1$, $Z=z-1$ とおくと，データ $X$, $Y$, $Z$ の平均値は，

$\dfrac{1}{3}(X+Y+Z)=\dfrac{1}{3}(x-1+y-1+z-1)$

$=\dfrac{1}{3}(x+y+z-3)=\dfrac{1}{3}(3-3)=0$ ……②

分散は，

$\dfrac{1}{3}(X^2+Y^2+Z^2)=\dfrac{1}{3}\{(x-1)^2+(y-1)^2+(z-1)^2\}$

……③

これは①そのものであり 1 である。

$Y=Z$ のとき，

②に代入して，$\dfrac{1}{3}(X+Y+Y)=0$

よって，$X+2Y=0$ ……④

③に代入して，$\dfrac{1}{3}(X^2+Y^2+Y^2)=1$

よって，$X^2+2Y^2=3$ ……⑤

④より $Y=-\dfrac{X}{2}$ だから，⑤に代入して，

$X^2+2\left(-\dfrac{X}{2}\right)^2=3$

$X^2=2$

よって，$X=\pm\sqrt{2}$ である。

**4** 35, 36, 37, 38, 39

解説

データは小さい順に並べてあるから，

$32\leqq x\leqq39$ ……①

また，12 個のデータの第 1 四分位数は $\dfrac{24+28}{2}=26$，

第 3 四分位数は $\dfrac{x+32}{2}$

よって外れ値は，

$26-1.5\times\left(\dfrac{x+32}{2}-26\right)=26-\dfrac{3x+96}{4}+39=41-\dfrac{3}{4}x$

以下の値，または，

$\dfrac{x+32}{2}+1.5\times\left(\dfrac{x+32}{2}-26\right)=\dfrac{x+32}{2}+\dfrac{3x+96}{4}-39$

$=\dfrac{5}{4}x+1$ 以上の値である。

12 個のデータに外れ値はないので，

$41-\dfrac{3}{4}x<15$，かつ，$\dfrac{5}{4}x+1>43$ である。

$41-\dfrac{3}{4}x<15$ より，$x>\dfrac{104}{3}=34.6\cdots$ ……②

$\dfrac{5}{4}x+1>43$ より，$x>\dfrac{168}{5}=33.6$ ……③

①，②，③より，35, 36, 37, 38, 39

# 30 データの相関と仮説検定の考え方

(pp.62〜63)

☑ 基礎Check

**1** (1) 2 点，2 点　(2) $-3.8$

(3) $-0.95$，負の相関がある

解説

(1)国語の小テストの平均値は，

$\dfrac{1}{5}(7+5+9+6+3)=6$(点)

国語の小テストの分散は，

$\dfrac{1}{5}\{(7-6)^2+(5-6)^2+(9-6)^2+(6-6)^2+(3-6)^2\}$

$=\dfrac{1}{5}(1+1+9+0+9)=4$

よって，国語の小テストの標準偏差は，

$\sqrt{4}=2$(点)

数学の小テストの平均値は，

$\dfrac{1}{5}(7+8+4+6+10)=7$(点)

数学の小テストの分散は，

$\dfrac{1}{5}\{(7-7)^2+(8-7)^2+(4-7)^2+(6-7)^2+(10-7)^2\}$

$=\dfrac{1}{5}(0+1+9+1+9)=4$

よって，数学の小テストの標準偏差は，

$\sqrt{4}=2$(点)

(2)共分散は，

$\dfrac{1}{5}\{(7-6)(7-7)+(5-6)(8-7)+(9-6)(4-7)$

$\qquad +(6-6)(6-7)+(3-6)(10-7)\}$

$=\dfrac{1}{5}(0-1-9+0-9)=-3.8$

(3)相関係数は

$\dfrac{-3.8}{2\times2}=-0.95$

これは $-1$ に近い値だから，負の相関がある。

**1** $-0.9$，負の相関がある

**解説**

テスト A の平均点は，

$\dfrac{1}{10}(5+10+7+4+9+7+5+6+10+7)=7$（点）

テスト A の分散は，

$\dfrac{1}{10}\{(5-7)^2+(10-7)^2+(7-7)^2+(4-7)^2+(9-7)^2$

$\qquad +(7-7)^2+(5-7)^2+(6-7)^2+(10-7)^2+(7-7)^2\}$

$=\dfrac{1}{10}(4+9+0+9+4+0+4+1+9+0)=4$

よって，テスト A の標準偏差は，$\sqrt{4}=2$（点）

テスト B の平均点は，

$\dfrac{1}{10}(8+3+5+10+3+5+7+9+4+6)=6$（点）

テスト B の分散は，

$\dfrac{1}{10}\{(8-6)^2+(3-6)^2+(5-6)^2+(10-6)^2+(3-6)^2$

$\qquad +(5-6)^2+(7-6)^2+(9-6)^2+(4-6)^2+(6-6)^2\}$

$=\dfrac{1}{10}(4+9+1+16+9+1+1+9+4+0)=5.4$

よって，テスト B の標準偏差は，

$\sqrt{5.4}=\sqrt{\dfrac{54}{10}}=\sqrt{\dfrac{27}{5}}=\dfrac{3\sqrt{15}}{5}$（点）

共分散は，

$\dfrac{1}{10}\{(5-7)(8-6)+(10-7)(3-6)+(7-7)(5-6)$

$\qquad +(4-7)(10-6)+(9-7)(3-6)+(7-7)(5-6)$

$\qquad +(5-7)(7-6)+(6-7)(9-6)+(10-7)(4-6)$

$\qquad +(7-7)(6-6)\}$

$=\dfrac{1}{10}(-4-9+0-12-6+0-2-3-6+0)$

$=\dfrac{1}{10}\times(-42)=-\dfrac{21}{5}$

テスト A とテスト B の相関係数は，

$\dfrac{-\dfrac{21}{5}}{2\times\dfrac{3\sqrt{15}}{5}}=-\dfrac{21}{6\sqrt{15}}=-\dfrac{7\sqrt{15}}{30}=-\dfrac{7\times3.87}{30}$

$=-0.903\fallingdotseq-0.9$

よって，負の相関があるといえる。

**2** (1)イ　(2)ウ　(3)ア

**解説**

(1)考察したい仮説は「お菓子 N の認知度が上昇した（対立仮説）」であり，それに反する仮説は「認知度 $\dfrac{2}{3}$ と差がない（帰無仮説）」ことをいえばよいから，「お菓子 N の認知度は上昇したとはいえず，『お菓子 N を知っている』と回答する確率は $\dfrac{2}{3}$ である」である。

(2)さいころを 1 個投げて 1 から 4 までのいずれかの目が出る確率は $\dfrac{2}{3}$ である。よって，公正なさいころ 20 個を同時に投げて，1 から 4 までのいずれかの目が出た個数を記録する実験を多数行えばよい。

(3)(2)ウの実験結果を用いて，さいころ 20 個を同時に投げて，1 から 4 までのいずれかの目が 16 個以上出る場合の相対度数は，

$\dfrac{8+3+1}{200}=0.06$

すなわち，16 人以上が「お菓子 N を知っている」と回答する確率は 0.06 程度であると考えられる。

この 0.06 は基準となる確率 0.05 より大きい。よって，仮説②は否定できず，仮説①が正しいとは判断できない。

**Point**

**仮説検定**

仮説検定において，正しいかどうか判断したい主張を**対立仮説**，それに反する仮定として立てた主張を**帰無仮説**という。